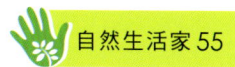 自然生活家 55

觀音蓮
栽培養護事典
ALOCASIA

洪瑞婉（茵茵）———— 著

晨星出版

CONTENTS

前言……4

認識觀音蓮……14
    Column 什麼是根毛？……20
何謂組織培養、塊莖、子球、實生苗…22
    組織培養……22
    塊莖……24
    子球……25
    實生苗……26
    Column 何處可入手觀音蓮……28
收到觀音蓮後首要處置方式……34
種植時所需工具……38
介質概述……44
    各種介質特性介紹……46
    介質調配……48
        1. 蘭美樂蘭花介質……49
        2. 多肉專用土加泥炭土……51
        3. 珍珠石、泥炭土、蛭石、樹皮（細）53
        4. 椰纖土加珍珠石……54

        5. 日向石、黑火山石、白沸石、紅龍石、碳化稻殼、鹿沼土、桐生沙、珪藻土、蛭石、珍珠石、牡蠣殼粉（粗）、發泡煉石（底）……55
廢土處理方式……57
水苔使用方式……58
澆水作業……60
    澆水的時段……63
        1. 春、夏、秋季……65
        2. 冬季……67
    判斷何時該澆水或是限水……68
        1. 盆子拿起來輕輕的……68
        2. 以手指感測盆土乾燥情況……68
        3. 葉片委靡向內捲、葉柄下垂現象…69
        4. 觀察根系表現……69
    澆水方式……70
        1. 春、夏、秋季……70
        2. 冬季……72
赤丸老師的話……76
如何成功孵育子球……78
    Column 如何分辨子球的根部、頭部……83
    孵育過程注意事項……84

悶出根與葉後該如何繼續悶養……88

小苗該如何換土養……90

悶養……96

換盆……100

肥料……108

Column 肥傷……113

病蟲害與防治……116

葉蟎……117

粉介殼蟲……121

爛根原因與救援方式……124

爛根原因……124

救援方式……130

　1. 部分爛根處理方式……130

　2. 完全爛根處理方式……132

　3. 塊莖腐爛救援方式……136

Column 為什麼觀音蓮容易葉尖葉緣焦枯 139

Column 觀音蓮開花……144

植株養護筆記……148

Note1 跟著節氣過日子……148

Note2 返祖與出斑……153

Note3 徒長……155

Note4 養護環境……157

Note5 遮罩與光照度……161

Column 如何分辨新舊葉……163

Note6 腰水……164

常見觀音蓮介紹……166

斑馬觀音蓮……166

菩提觀音蓮……171

Alocasia lukiwan……173

長葉觀音蓮……174

諾比觀音蓮……176

傑克林觀音蓮……179

明脈觀音蓮……182

茶色觀音蓮……183

銅鏡觀音蓮……184

黑絲絨觀音蓮……187

後記……190

附錄 各式配方土比較表……191

前言

　　種植植物已有很長一段時間，無論是香草植物、多肉植物或是不經意看到的植栽，只要看到喜歡的便會買回家嘗試種植看看，但也因為沒能好好地先做功課，因此除了家門口前那兩盆隨便給水就能活得好好的銅錢草、養了七年的雞蛋花，以及那盆已種植十年的睡蓮外，很少有一直存活的植物能留在身邊，大部分都在一年左右就陸續死亡。

　　2019 年夏天，無意中在市場購入一株大仙女觀音蓮，剛接觸觀音蓮時，對於這種有著美麗大葉子的植物完全不了解，更別說是認識品種。而養殖照護模式也仿照過去手法，總覺得植物愛喝水、需要水，因此在過度溺愛下，種植沒多久葉子就一片一片枯黃，最後剩下光禿禿的塊莖。後來就將盆子連同以為死亡的植株一起丟在陽臺不顯眼的角落，也逐漸忘記其存在。

　　2021 年開始接觸觀葉植物，專心養殖觀音蓮，突然想起曾經有過這株大仙女的存在，看著放置在陽臺歷經兩年乾癟的土壤，在挖開盆土後令我感到驚訝，當初以為死亡的大仙女觀音蓮，經過時間的洗禮，竟已成為超大塊莖。

　　意外獲得這顆塊莖後，馬上重新敷根發葉，最後成為漂亮的大仙女觀音蓮。在這過程中曾歷經分切塊莖扦插實驗，分株的大仙女觀音蓮們大多數都有存活下來，因此大仙女成了我最喜歡的植株，也是陪伴在身邊最久的一株觀音蓮。

1 大仙女觀音蓮切塊莖實驗。**2** 挖出來的塊莖重新孵育根系。**3** 切塊莖實驗所重新長出的大葉。**4** 大仙女觀音蓮重新發根長葉後的樣貌。

在一腳踏入觀音蓮的世界時，恰逢疫情期間觀葉植物熱潮，無論是竹芋、各式水芋、龜背芋、地生蔓、B.C. 蔓綠絨、錦緞、山烏龜，乃至秋海棠到觀音蓮等各種觀葉植物都有養殖，唯獨對觀音蓮愛不釋手。在某次見到恩師赤丸（huang_iii）養殖的 *Alocasia lukiwan* 散發出閃閃發亮、凹凸有致的迷人金屬葉面，當時心裡震撼不已，同時告訴自己也要養很多芋頭（觀音蓮為天南星科海芋屬），進而開啟了我養殖觀音蓮的熱情。

我知道一次只專心做一件事到底有多重要，因此下定決心好好研究觀音蓮怎麼養？有哪些品種？找尋所有一切相關資訊，搜集有能見度、沒能見度的觀音蓮，結果一不小心就養了幾百株各式觀音蓮。經過一段時日後，大部分的觀音蓮們成為了吃空間怪獸，兩坪不到的室內陽臺早已無法負荷植株快速成長，因此我轉而在自家蓋了一座超級通風的露臺專門來養殖觀音蓮。

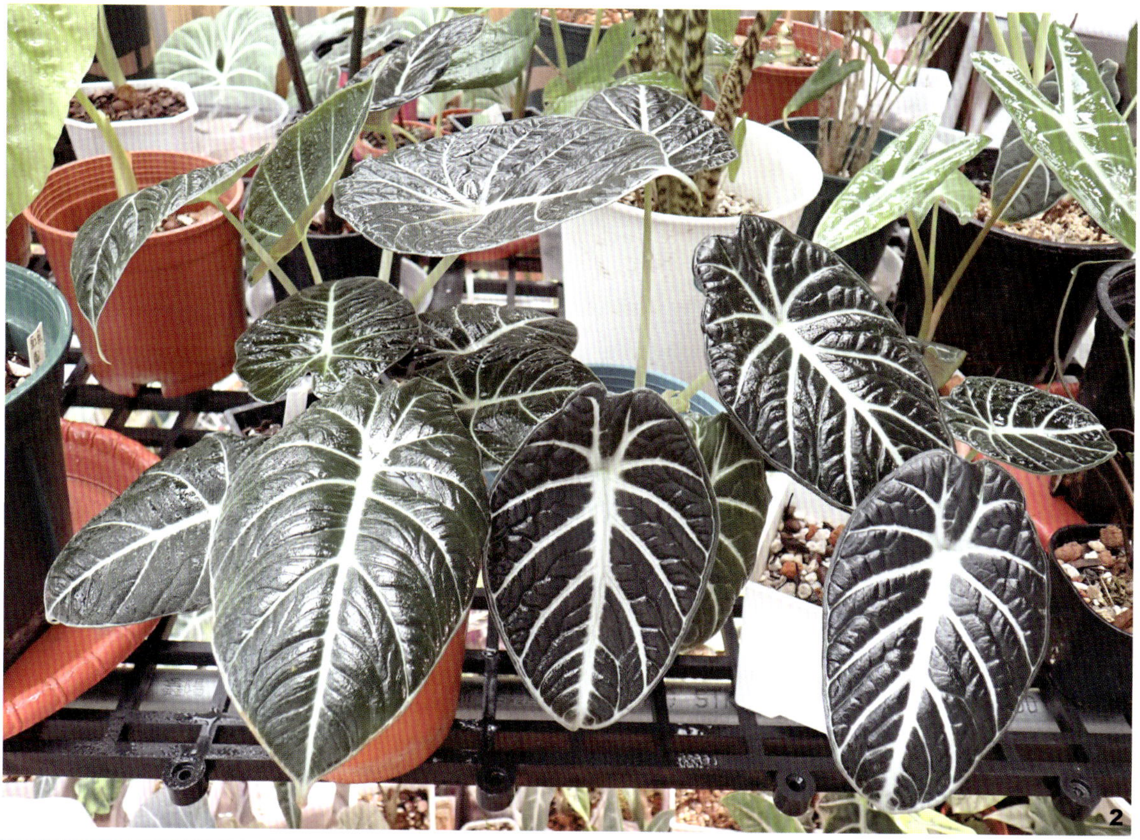

2

3

4

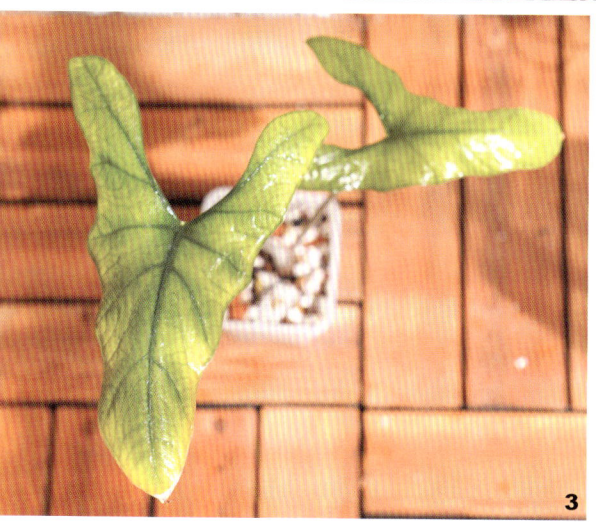

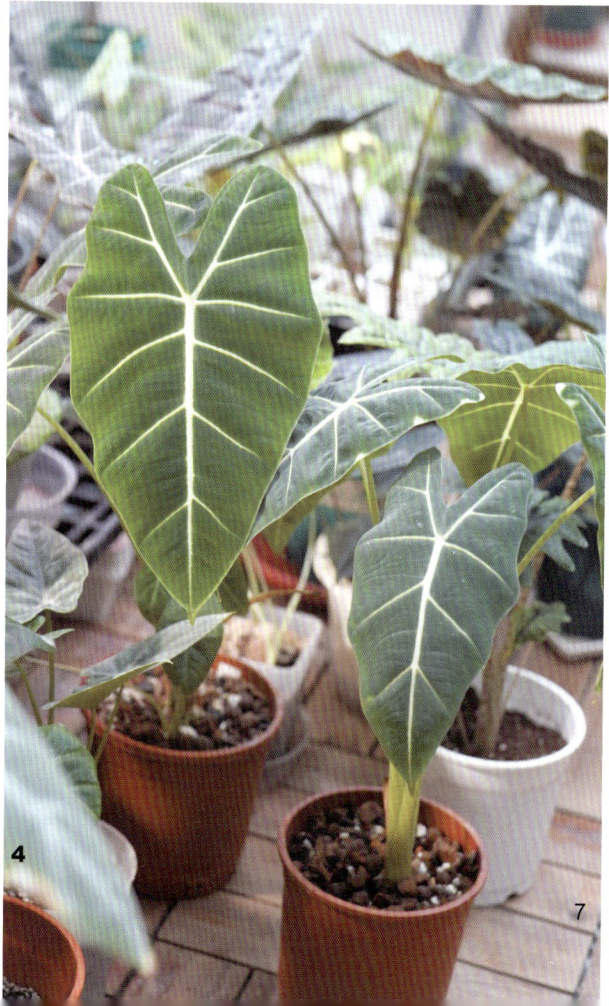

1 *Alocasia regal* shield（左），*Alocasia lukiwan*（右），赤丸／提供。**2** 常見的黑絲絨觀音蓮與忍者觀音蓮。**3** 臺灣市面少見的 *Alocasia berau*。**4** 室外陽臺一角。

室外陽臺一角。

起初，有很長一段時間非常不解，明明它們原本好好的，為什麼一瞬間葉子枯萎，翻開盆土發現爛根、爛塊莖，甚至罹患軟腐病，植株化為烏有。和大多數剛接觸觀音蓮的新手朋友們相同，為了找尋「為什麼」的答案，我做了非常多功課，不僅爬文找資訊，甚至做實驗觀察，中間過程中死掉的觀音蓮不計其數，也時常因為找不到原因而傷神，然而一直到現在我也不曾放棄好好養殖觀音蓮這件事。偶爾會推坑身邊友人養殖觀音蓮，但很常聽見朋友們說：「我是黑手指，一定會把植物種死，之前買回來養的幾株都死了，還是不要浪費錢養植物好了。」如果潛意識裡，總是用著否定自己的思維看待所有事物，那麼你就會成為你口中真正的黑手指。

　　人的一生裡，不可能只有開心與快樂，也會伴隨著悲傷與難過，要接受好與不好相互存在，這不就是養殖植物過程裡所帶來的學習與樂趣。因此我總是告訴自己「每次的失敗，都會成為下次成功的養分」、「除錯的過程，更是養殖任何植物所必須走過的路程」、「沒有人一開始就養得很好，要對自己有信心」。

1 冬天寒流來襲根系凍傷爛根。 2 觀音蓮根系爛根。 3 塊莖腐爛。 4 塊莖罹患軟腐病往內部侵蝕。

在養殖觀音蓮的日子裡,逐步調整自己養殖的方式與觀念,也進入了培育小苗繁殖和開花育種的階段。培育小苗時,看著植株逐漸成長,那種成就感是整個養殖裡最大的動力來源。有時,過程總是比結果來得更為珍貴。直到現在,偶爾還是會因為節氣變化,植株不健康或是不小心過度給水造成植株爛根問題。然而或許是身經百戰的關係,對於搶救問題已不再感到焦慮與困惑,內心已坦然接受這一切都是再正常不過的事了。

1 培育觀音蓮小苗。**2** 觀音蓮育種初期。**3** 觀音蓮育種中期。**4** 觀音蓮育種後期。

觀音蓮同好曾說過一句有意思的話：「如果好好把它們養大，搞不好它們會活得比你還要久，但首先，你要先教會你的孩子怎麼養觀音蓮。」或許將來某一天，我會為了它們買一塊農地，蓋一座專屬觀音蓮的小溫室。

有時不禁會體悟人與人之間的相處真的很難，但與植物相處卻很簡單。每天清晨起床，一個人待在室外大露臺，隨著時間慢慢流逝，直到中午時分才會離開，接著處理其他生活瑣事。偶爾會因為有花而感受到無比喜悅。為了培育交種，時常半夜或清晨待在花房，只為了抓住可以育種或取粉的時間。

修行不在山林裡，不在遠處寺廟裡，而是在你的心裡。養觀音蓮不就如同修行時一般靜心。如果不是真愛，大概很難會為了同一件事持續好幾年的時間而樂此不疲吧！

成就達成！

1

2

12

養殖觀音蓮的路上認識了許多同好，也由這些友人身上得到非常多養殖的寶貴經驗，出版這本書的用意也是為了感念那些在我身陷困境，焦慮感上身並手足無措時，願意無私給予意見與幫助的同好前輩們，因為有他們的幫助，促成自己著手花上好幾個月的時間一字一句整理出這幾年所知與實際養殖經驗，希望這本集結觀音蓮養殖經驗的圖文書籍能夠幫助到與我當初一樣陷入困境的朋友們。

如同赤丸所言：「知識不能被局限。」感恩這幾年來赤丸的鼓勵與珍貴意見，才能使這本書籍順利完成。我深信，宇宙大地之母引領我進入這個美好的世界裡，是為了連結更多喜愛它們的人，一同欣賞並感知觀音蓮的美。期勉養殖路上感到困惑的朋友們，要相信你自己的判斷與直覺，並且放開那執著己見的心靜默觀察，觀音蓮它們會告訴你「為什麼」。

1 藍卡特觀音蓮。**2** 兔耳觀音蓮，林建志／攝。**3** 象皮華生觀音蓮成株。**4** 絨葉觀音蓮。

認識觀音蓮

　　觀音蓮，天南星科 Araceae，海芋屬 *Alocasia*，為多年生草本植物，植株有著細長葉柄，以及各式不同葉片與葉面表現。

　　無主莖幹，土地下部分具有肉質塊莖，有些葉柄帶有紋路，像是斑馬觀音蓮（*Alocasia zebrina*）；有些具有超大葉片，如姑婆芋（*Alocasia odora*）；某些則是具有絨面絲綢般質感，如絨葉觀音蓮（*Alocasia micholitziana*）；也有粗厚並帶有凹凸的表面，如（*Alocasia reginae*）。無論是厚葉、薄葉、大波浪等各種葉形，由小到大千變萬化，有些人稱觀音蓮為「海芋」，因其夜晚與清晨會有泌液現象，也有人說像似觀音佛像手上瓶子滴落的水滴，因而被大部分的華人稱之為「觀音蓮」。

葉子　葉柄　塊莖　根部

認識觀音蓮

1 斑馬觀音蓮有著綠色葉柄與咖啡色斑馬紋。**2** 黑絲絨觀音蓮葉片具絨面絲絨感。**3** 野生姑婆芋的超大葉片。

認識觀音蓮

觀音蓮原產地位在東南亞的印尼，以及澳洲、亞洲、美洲等熱帶雨林氣候赤道一帶。同一品種在不同產區，葉面常有不同個體表現。喜好溫暖、高溼度、半遮陰環境。由於臺灣北部冬天氣溫普遍偏低，當東北季風、寒流來襲時，應移入室內遮蔽處擋風取暖，以避免寒害。若溫度太高，環境溼度太低且乾燥，則容易遭受葉蟎啃咬等病蟲害。

觀音蓮在市面上各有其學名或商業名稱，臺灣販售的觀音蓮也有中文商業名稱，以作為市場上流通之用，例如目前市場上已被廣為販售的傑克林觀音蓮，學名 *Alocasia tandurusa*，商業名 *Alocasia jacklyn*，一般外面均以傑克林觀音蓮為其流通名稱。

由於觀音蓮品種繁多，光一個長葉觀音蓮（*Alocasia longiloba*）就有數不清的品種。除了原生種觀音蓮外，市面上也有些許人工繁殖交叉種，一直到現在，尚有非常多野外原生種或野外自然繁殖交叉種被發現。目前筆者手邊大約有一百多種大小不等的各式觀音蓮品種，有些相同品種具有不同個體表現，因此觀音蓮品種實在太多，族繁不及備載，收藏不完。

1 瑞基觀音蓮的厚葉具凹凸表面質感。2 夜晚時，觀音蓮葉尖會有泌液現象。

認識觀音蓮

1-2 為目前市場上已被廣為販售的傑克林觀音蓮，學名 *Alocasia tandurusa*，商業名 *Alocasia jackly*。**3-6** 以上為筆者所收藏的不同品種長葉觀音蓮，每個種類在葉片型態上各有不同特色。

認識觀音蓮

COLUMN
什麼是根毛？

　　根毛是植物根尖表皮上的毛狀物，土壤中的水和無機鹽皆是透過根毛吸收進入植物體內，可增加根系吸收表面積。

　　很多人會在拿到滿是水苔的植株時，先進行泡水溼潤後取下水苔，卻不知根系上其實不只有那幾條根，最重要的還有主司吸收水與無機鹽的根毛。當根系受傷後，將植株更換為加入介質的盆器裡，過沒幾天時間，觀音蓮就會顯得垂頭喪氣，葉子一片一片黃化凋謝，最後落得爛根的窘境，這乃是因為根系早因根毛損傷而無法吸收水分。

　　以筆者經驗來說，拆水苔時，洗根過後的觀音蓮經常有爛根狀況發生，通常過一陣子都得重新敷根，因此切記千萬不要過度洗根，以免造成植株回天乏術。

根毛是植物根尖表皮上的毛狀物，土壤中的水和無機鹽由根毛吸收，可增加根系吸收表面積。

根系旁邊往外細細的都是根毛。

拆水苔後若洗根，會將負責吸收水與無機鹽的根毛洗掉（此為示意圖片）。

洗根後植株葉片出現問題，脫盆後發現根系早已爛光。

何謂組織培養、塊莖、子球、實生苗

剛入手觀音蓮時，時常聽到旁人說組培、塊莖、子球等名詞，一開始一頭霧水，不清楚到底有何不同。以下將簡單介紹這四種植株的差別。

[組織培養]

簡稱組培。臺灣以農業起家，農業技術早已是全球頂尖，只要有一小片植物的組織，即可利用實驗室技術，培育複製出數百、數千株與母株性徵相同的植株，此技術為「組織培養」，具有大量性的優勢，可壓低市場價格，使一般消費者能輕易於市場上購得組織培養的觀音蓮。

在早期，筆者購入一株成熟野採傑克林觀音蓮，那時大費周章尋找進口塊莖植株，單一株就要價一萬二；又如市面上原本少見的斑葉絨葉觀音蓮，價格也是居高不下，然而拜組培植株的大量產出後，現在這些品種的價格已親民化，幾百元即可輕易購得以上珍稀品種。

組織培養的觀音蓮植株屬於「無性生殖」，為不經由染色體重新組合的生殖方式，簡易分辨組織培養觀音蓮的方式是仔細觀察塊莖底下，通常會有一小塊整齊切口的塊狀痕跡，隨著植株日漸長大，塊莖有可能會被消耗掉，但也可能無法在成長到一定大小的觀音蓮上找到組培痕跡。因為是無性生殖的植株，長大後葉片與母株幾乎長得完全相同。

何謂組織培養、塊莖、子球、實生苗

組培具有大量複製的優勢,屬於無性生殖植株,組培塊莖下方有一完整切口,可作為組培植株的辨識依據。

[塊莖]

　　觀音蓮在生長葉子的過程中，會逐漸長出肉質塊莖。若拿到塊莖，可直接以水苔加上珍珠石孵育根系，若塊莖夠大、夠成熟的狀態下，因其養分多，通常養出的葉子可能會直接跳為成熟大葉。

　　每一株觀音蓮由子球開始養殖，順利長大後都會隨著時間成長為大塊莖，但塊莖也可能在生長過程中消耗掉。

　　進口塊莖有趣的地方在於同一個品種的觀音蓮植株，可能因為產區、生長地區不同，而出現個體差異。就如同筆者手上有幾株相同品種的進口塊莖觀音蓮，長出來的葉形都有些許差異存在，這就是個體差異所帶來的養殖樂趣之一。

1-2 觀音蓮在生長葉子過程中會逐漸長出肉質塊莖。上圖兩盆觀音蓮土表上的塊莖，皆為進口塊莖放置於介質上孵育成新的植株。**3** 塊莖在生長過程中有可能會因為逐漸消耗營養而到最後只剩外殼，中央部分呈現空無一物的情況。**4** 進口塊莖植株 *Alocasia longiloba* sp.。

[子球]

觀音蓮在生長過程中，非常容易產出子球，大部分的子球會藏在土裡成長，有少部分則會跑出盆土表面，或出現在凸出來的塊莖上。

若打開盆土觀察時，會在觀音蓮肉質塊莖底下發現一顆顆球狀的咖啡色物體，有些子球呈現比較乾癟的狀態。子球可提供養分給觀音蓮小苗成長，但隨植株逐漸長大，子球也可能會在過程裡消耗殆盡。

很多人在養殖觀音蓮時，對於見到盆土表面或盆器裡出現的小球球深感疑惑，以為是根系或其他不明物體。其實那是觀音蓮的子球，可採收下來孵育成為新的觀音蓮後代。子球孵育出的觀音蓮屬於「無性生殖」，長大後與原本的母本觀音蓮植株長相幾乎完全相同。

1 拇指大的子球。**2** 凸出盆土表面的子球。**3** 由塊莖上長出的子球。**4** 子球可直接採收後孵育成新的觀音蓮植株。**5** 觀音蓮換盆時採收的子球。**6** 換盆時根系上的子球可採收下來孵育。

何謂組織培養、塊莖、子球、實生苗

〔實生苗〕

　　另外有一種觀音蓮植株稱之為「實生苗」，是藉由觀音蓮開花授粉後，得到漿果內的種子孵育而成。有趣的是，每顆種子孵育出的觀音蓮都會與母株不同。

　　簡單來說，你父母生下你跟你的兄弟姊妹，可能會與父親或母親長得很像，彼此也會有點相像，但不可能長得一模一樣。交種的觀音蓮是以兩顆不同品種觀音蓮經由人工授粉或自然授粉培育，交種得到漿果內的種子後再行孵育，此方式繁殖出來的觀音蓮屬於「有性生殖」，基因序列經過重新組合排列過。

　　不過觀音蓮授粉育種非常困難，鮮少有人能成功經由人工授粉培育出新的交種品種。

何謂組織培養、塊莖、子球、實生苗

1 野外採集姑婆芋漿果果實。2 採集後得到的果實。3 實生苗種子。

4 黃金骨觀音蓮 *Alocasia × golden bone*
5 馬克觀音蓮 *Alocasia × markcambell*
6 香特莉莉（銅桑德）觀音蓮 *Alocasia × chanterieri*
以上為人工授粉交種所繁殖的觀音蓮，擁有父本與母本各自的特徵，屬於有性生殖下的觀音蓮種類。

COLUMN
何處可入手觀音蓮

隨著觀葉植物盛行與組培植株的大量繁殖,比起以前,要購買觀音蓮會更容易許多,價格也比以往更加親民。分享以下幾種筆者購入觀音蓮的管道:

●購物網站網購

隨著網路購物日趨便利,可在各電商平台上購買觀音蓮,並且輕易找尋到喜歡的觀音蓮品種。建議挑選最多人購買且評價最好、有信譽的商家,以免踩雷。

網購植物時最怕運送過程中因為包裝不妥當,導致紙箱被壓破、植物受損,或是運送時間太長造成根系有悶根、爛根的情況發生。畢竟購買植物時會期望送到手上的植株完整,且跟網路上的照片一模一樣,而非一收到植物就得要開始救援。然而網路購物在寄送過程中難免有一定的風險,救援寄送來的觀音蓮是偶爾會發生的事,也是筆者一路走來必須經歷且學習的過程之一。

除此之外,網購商家大多會放上觀音蓮長大的成株圖,或者是國外網路成株圖作為主要販售的圖片,目的是吸引消費者目光,通常實際收到的觀音蓮基本上都會以中

實際販售小苗示意圖。(茶色觀音蓮小苗)

小型植株為主，而且有許多商家採隨機出貨方式給消費者，無法拍攝實際要寄送的觀音蓮植株圖給消費者做確認，這是網購植物時需要多加留意並與賣家溝通確認的部分，以免收到觀音蓮時，誤認為是漂亮的大植株，但實際則為觀音蓮小苗，而有感受上的落差。

目前大部分網購的觀音蓮多以組織培養植株為主，組培觀音蓮多為三寸軟盆，根系塞滿水苔。水苔不好拆解，但往往可在拆解時得到子球，子球可另外採收孵育成新的觀音蓮，也算是一種額外的小驚喜。

購物網站成株示意圖。（茶色觀音蓮成株）

三寸軟盆組培觀音蓮，根系塞滿水苔。

拆水苔時意外收穫的子球。

● facebook 植物直購網或植物競標拍賣網站

　　剛開始購入觀音蓮時，時常以直購網購買植株，直購的觀音蓮大部分都會以賣家實際拍攝的植株為主要販售商品，可與賣家詢問討論觀音蓮植株狀況與養殖方式，時常會有市面上比較少見的觀音蓮可購買。有些商家或收藏家會以拍賣競標的方式出售觀音蓮子球小苗，讓市場依照拍賣價格決定此觀音蓮的價值。

　　若有想競標購入的觀音蓮被其他人競標拍走，可直接私訊詢問賣家是否還有相同品種、規格的觀音蓮可購入，大部分賣家會依照當時拍賣價為販售的基準價格。

　　Facebook 上的直購網與植物競標網偶爾會有以前進口的塊莖可購買，郵寄同樣會有運送上的風險，但也可私下約地點面交。

早期尚未禁止進口前可以購買到無根塊莖觀音蓮，左為網紋斑馬觀音蓮進口塊莖，右為老虎觀音蓮進口塊莖。

進口塊莖因經過長期運送，在沒有任何根系的狀況下很容易會有塊莖軟腐的狀況發生。早期購買進口塊莖後要將塊莖孵育成植株，此方式比較費時，塊莖也可能在孵育過程中直接軟腐，最終化為烏有。

 # 運送方式

　　跟商家購買後要運送時，建議盡量避開連假或特殊日期前後，例如春節、中秋節或雙十一購物節，這類假期長或因為商人創造出來的購物節，容易因為龐大的物件量累積在貨倉而延後運送，導致收到的植株可能因為運送時間太久，造成悶根、爛根或成為枯草的窘境。

　　若商家預計寄送的日期為星期五，筆者通常會請商家避開星期五不要出貨，尤其是以郵寄的方式，植株可能會被放在貨倉等待很多天後才寄送到消費者手裡。

　　另外，盡量避免在六、七、八月酷暑時期買賣運送觀音蓮植株，因為天氣太悶熱的關係，植株在紙箱運送的過程裡非常容易發生塊莖被悶爛染菌的情況。

【郵局快捷】
通常在寄送當日或隔日可以到達，郵局會寄送物品已送達消費者手上的訊息給商家。此寄送方式比較快速，植株較不會在運送過程裡有折損的狀況發生。（運費價格高）

【超商宅急便（宅配）】
通常隔日可到件，與郵局快捷寄送過程類似。（運費較高）

【郵局掛號包裹】
不含假日，正常情況是 2～3 日左右可收到。

【店到店取件】
正常情況下大約 3～5 天內可到超商，消費者收到簡訊後得自行到超商領取物件。

運送過程剛好遇到大節日，收到時觀音蓮悶在紙箱裡太久，導致爛根爛塊莖，必須切除腐爛處救援，重新孵育。

植株運送包裝方式。

觀音蓮寄送包裝方式。

寄送時妥善包裝黏合以防植株脫落。

外圍用紙箱包裝保護。

● **實體店面或花市、溫室**

　　疫情期間觀葉植物火紅起來，目前各縣市出現非常多觀葉植物的實體店面，除此之外，也可在花市輕易購入觀音蓮。臺灣目前越來越多專門養殖觀葉植物的溫室，可提前預約前往參觀選購，而彰化縣的田尾公路花園也是一個非常不錯的挑選觀音蓮集散地。

　　實體店面除了可親自挑選喜歡的觀音蓮植株外，也可當面和店家討論養殖方式，少了運送植株的風險，並減少塑膠包裝材料，也不用為了拆解包裝耗費苦心，比起網路購買觀音蓮，筆者更喜歡在實體店面選購植物。

蝙蝠觀音蓮（*Alocasia nycteris*）

傑克林觀音蓮（*Alocasia tandurusa*）

● **收藏家互相交流買賣**

　　臺灣目前有許多專門養殖觀音蓮的收藏家，觀音蓮若養得好，葉片在快速生長下非常容易占據養殖空間，也很容易產生子球，因此時常會有收藏家為了整理空間，而釋出觀音蓮子球小苗或子球。

　　收藏家的觀音蓮品項除了比較齊全外，也常有市面上幾乎無能見度的觀音蓮可互相交流、買賣流通，是目前筆者最常交易購買觀音蓮的方式。

從藏家手中購入的進口塊莖觀音蓮。

從藏家手中購入的進口塊莖觀音蓮。　　從藏家手中購入的進口塊莖觀音蓮。

● 親朋好友的小苗互相贈與

　　觀音蓮養久了，總會繁殖很多小苗，筆者很常以贈與方式將觀音蓮植株給予親友，也時常收到友人餽贈的小子球觀音蓮。某次，在路邊民宅看見一株巨大的黑葉觀音蓮，與民宅主人開口要了一株黑葉觀音蓮側芽，當被贈與觀音蓮植株時，是有錢也買不到的喜悅。

友人贈送的塊莖孵育植株。　　友人贈送的黑葉觀音蓮。

收到觀音蓮後首要處置方式

當收到觀音蓮後,得先檢查植株外觀是否有葉損、葉傷的情況,以及是否有紅蜘蛛、介殼蟲等蟲害。

正常來說,筆者會幫植物更換成適合當下環境使用的介質,尤其是農場養殖觀音蓮的介質,有些會參雜使用田土、全水苔或是比較不疏水的介質,若不更換的話,很容易因為澆水方式不適合或環境不適應,過陣子出現葉片凋謝與爛根,需要重新敷根的窘境。

在拆解植物盆土的過程中,可順便檢查根系是否有爛根的情況,若有爛就必須小心清理乾淨,若有成熟子球則取出孵育。

換上新的介質後,使用國產的興農殺蟲藥 —— 賽速安(防介殼蟲)加拳擊蟎(防葉蟎),以 1:1000 加水稀釋,另外加入稀釋過後

| 植物處置步驟 |

Step1
當收到觀音蓮後,先檢查植株外觀是否有葉損、葉傷的情況,以及是否有紅蜘蛛、介殼蟲等蟲害。

Step2
拆解植物盆土的過程中,仔細檢查根系是否有爛根,若有爛根就必須小心清理乾淨,若有成熟子球則取出孵育。

的氮鉀肥一起澆灌定根，再放置於陰涼處與其他植株隔離，並服盆至少一個禮拜的時間。

觀音蓮植株運送時，有可能好幾天才會送到你手上，屆時觀音蓮會因為悶熱而垂頭喪氣，在換盆定根後，放置於陰涼處，避免給太多光照，待其恢復元氣，像是呈現葉柄筆直、夜晚或清晨有泌液等健康狀態後，再移至適合它生長的環境養殖。

投藥與隔離是預防萬一從其他地方運來的植株因蟲害並未清理乾淨，可能傳染給自家原本健康的植株，因此謹慎點的做法是預先投藥以做防範。

Step3
換上新介質後澆水和澆灌殺蟲藥劑。

Step4
將觀音蓮放置於陰涼處服盆，並與其他植株至少隔離一個禮拜。

收到觀音蓮後首要處置方式

狀況一

若收到的觀音蓮植株是使用透明三寸軟盆加大量水苔養殖,請拿夾子小心夾取出大部分的水苔,以剪刀取下子球後(若有子球),再依照上述步驟入盆。

收到觀音蓮後首要處置方式

Step1
收到透明軟盆觀音蓮植株。

Step2
根系看起來沒有很多。

Step3
可用夾子小心去除掉大部分水苔。

狀況二

倘若收到的觀音蓮有著滿滿根系但卡在水苔裡，請勿強行拔除或泡水後拆解水苔，因為拆水苔時很容易將觀音蓮根系上的根毛拔除。

這時建議找個大一號的盆器，將觀音蓮植株連同水苔一起放入盆中，旁邊放置椰塊、椰纖或樹皮直接入盆，接著沿外圍澆水，等過陣子水苔內的結構因根系往外找水而逐漸鬆散開後，再將觀音蓮取出，用夾子小心拆除大部分的水苔。

由於此種入盆方式其中央是原本的水苔，澆水方式就必須調整為沿著外圍澆水，以免中央處水苔過於潮溼而增加內部根系悶根爛根機率。

Step1
若根系塞滿水苔，不可強行拆除。可先在外圍塞滿椰纖、椰塊、樹皮或大顆粒介質，以讓根系往外圍拓展。

Step2
澆水時只能沿著邊邊給，以免中央的水苔太過潮溼。

Step3
等根系往水苔外面長出，再拿夾子取出大部分水苔。

收到觀音蓮後首要處置方式

種植時所需工具

盆器

市面上有琳瑯滿目的盆器，每種盆器各有不同特性，以下介紹筆者現階段或曾經使用來養殖的盆器：

陶盆

非常透氣，很容易快速乾透，因此需時常澆水，以免盆器內介質乾燥太快，適合很愛澆水的人使用。

外型美觀，因為是陶製品，盆器較重，容易摔破，澆水久了外表會出現白色霜狀物，這是因為陶器本身反鹼的關係，並非發霉，然而也因反鹼的霜狀模樣加上外觀容易生長水苔，使得陶盆呈現古樸美感。

陶盆反鹼的霜狀現象與長滿水苔模樣，呈現老舊美感。

水泥盆

較不透氣，底部洞口通常較小，有時只有一個小洞口。外表美觀大方，重量沉重，因為不透氣所以容易造成悶根、爛根現象，筆者目前已不使用水泥盆器養殖觀音蓮了。

不透光塑膠盆

是市面上最常見的盆器，價格便宜，目前筆者最常使用的不透光塑膠盆為青山盆，盆器底部透氣度高，根系生長時穩定度高，盆器不易悶熱，但無法看到內部根系走向，需要注意澆水次數。

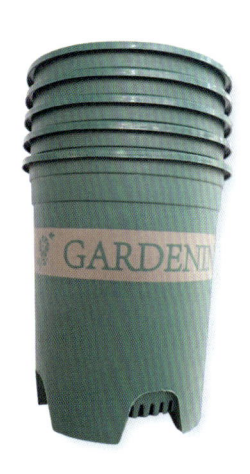

半透光塑膠盆

價格便宜，透氣度高且不悶熱，為半透明材質，因此易於觀察根系狀態。由於根是向陰性，所以切勿使用全透光盆器，根部還是需要一些遮陰才能長得比較穩定。若晒太多陽光容易於盆邊長出青苔，目前筆者大多數中小型觀音蓮會以使用半透明盆為主，以利於觀察根系走向，大植株則大多使用不透光的青山盆養殖。

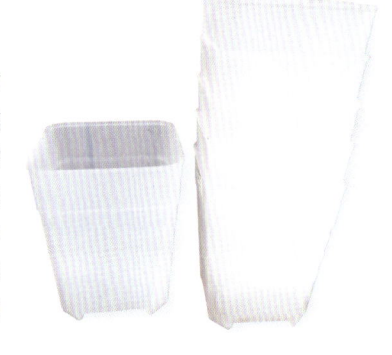

青山盆

底部透氣孔較高且大，適合喜好疏水介質的觀音蓮使用。

TIPS

套盆

很多人會為了美觀，在盆器外另外套一個漂亮的花盆，套盆養殖觀音蓮。此舉易造成盆器底悶熱不通風，產生爛根問題。

美植袋

此種養殖容器材質為不織布，超級透氣，但要時常澆水以免介質快速乾透。適合觀音蓮養殖使用，但因為是布面材質，所以非常容易髒，外觀不佳。

種植時所需工具

透明有蓋杯
筆者會利用此種杯子，以水苔養殖自己繁殖的小苗或子球，適合用在小苗悶養。

透明軟盆
養小苗時使用，為塑膠材質，價格便宜。農場的觀音蓮植株大部分都使用三寸透明軟盆塞滿水苔養殖。

刀具
分切塊莖或削切腐爛塊莖處使用，使用前務必噴酒精消毒。

剪刀
剪除耗葉時使用，使用前務必噴灑酒精消毒。

魔鬼氈
用來固定比較大型的支撐架與植株葉柄時使用。

小夾子
用來固定支撐架與植株葉柄時使用。

支撐架
有時觀音蓮會需要給予葉柄支撐架，以固定植株增加穩定度。例如換盆時土壤疏鬆，植株徒長太高或是葉子較多，就可能會需要支撐架的固定，以利其正常生長。

種植時所需工具

1000cc 量杯
量測澆灌肥料或消毒液時使用。

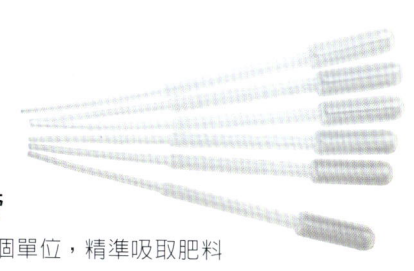

噴霧瓶
1000cc 或 2000cc 容量，氣壓式噴瓶比較方便使用。最好每一種類肥料、消毒液或農藥可以分開各自使用專屬噴霧瓶，尤其是油類與非油類使用的容器千萬不能混用，以免沒清洗乾淨，造成混用的情況發生。

3cc 吸管
0.5cc 為一個單位，精準吸取肥料或農藥用量時使用，油類與非油類液體請分開使用不同吸管，使用後務必清洗乾淨並晾乾。

一克小湯匙
量測固態、粉狀肥料或農藥時使用的工具。

半透明悶盒
置放小子球或消毒處理完的小塊莖，用來悶根發葉。

有蓋與透氣孔的大悶箱
適合悶養已經有根系與葉子的小植株使用。

種植時所需工具

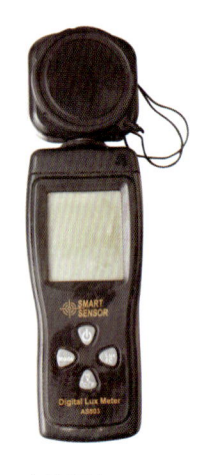

種植時所需工具

光照計
測量環境的光照度。

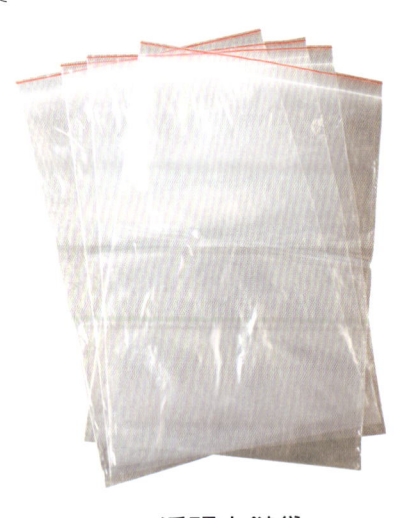

溼度計與溫度計
監測養殖環境的溼度與溫度，不同品牌在數值上會有不同落差，建議可以多買幾個，分別放置不同位置，以大約平均值作為觀察數據。

有蓋小肥料盒
顆粒緩釋肥其實是塑膠製品，使用肥料盒除了容易更換顆粒肥以外，也可避免緩釋肥的塑膠顆粒留在土壤裡汙染環境。

透明夾鏈袋
悶根時套袋使用。

土壤酸鹼值與水分量測器（很少使用，非必須）
使用前、使用後都必須將金屬探針擦拭乾淨，以免影響數值準確度。以前筆者會在超大盆植株上放一個量測計，若數值呈現乾燥時再給水，作為澆水依據指標之一。

夾子
用來夾取悶盒裡的植株、子球或塊莖，以避免手上有細菌感染了植株，或用來挑出植株上的水苔。

植物牌卡與奇異筆
每次帶回的觀音蓮植株或收穫的子球小苗，會使用奇異筆在牌卡上標註植株名稱與日期，以辨識植株品種、養殖時間。

植物燈

養殖空間若陽光、燈光不足,或是放置於室內養殖空間,皆需要使用植物燈以增加光照度。

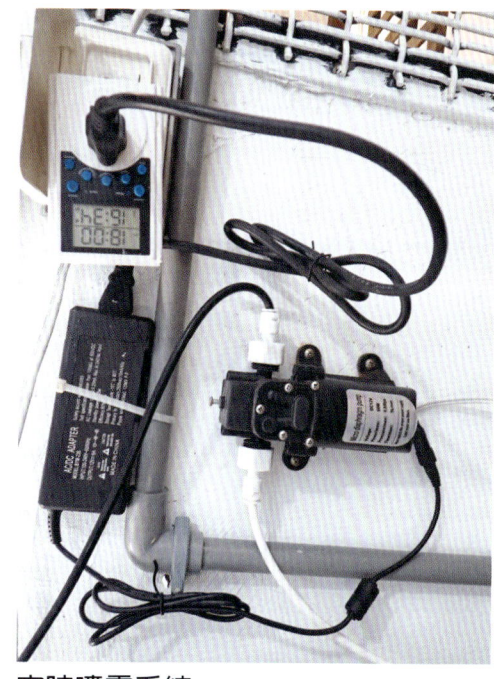

定時噴霧系統

由於筆者養殖觀音蓮的環境為室外四面採光的挑空大露臺,時常因為中午陽光強烈照射,蒸散作用強,而難以維持環境的溫度與溼度。加裝定時噴霧系統可在固定時間自動噴灑水霧,以有效率方式增加空氣中的溼度,降低該空間高溫情況。

加溼器

觀音蓮喜歡有一定溼度的環境,有時環境溼度不夠容易造成捲葉或紅蜘蛛侵襲,使用加溼器可提高環境溼度。市面上有大型、小型甚至是不同噴霧量的款式,小型通常需要經常補水,某些大型加溼器則是可以直接接水管,搭配定時器使用。

種植時所需工具

介質概述

養殖觀音蓮時，筆者認為最重要的事情除了澆水外，再來就屬介質的調配。若使用不適當的介質與比例，有可能因為不透氣、悶溼、盆土不易乾燥等因素，而造成植株根系腐爛，甚至死亡的窘境。

每個人的養殖環境與澆水方式不盡相同，介質的調配需要經過個人實際使用後，方能確認是否合適。

「沒有最好的介質，只有最適合個人環境使用的介質。」在調配介質時得先了解觀音蓮的原始生長地環境，才能讓養殖過程更加順利。一般來說，觀音蓮的原生地環境大致分為下列兩種：

1. 植株生長在泥炭土比例較多的地上環境

例如姑婆芋（*Alocasia odora*）這類葉片非常大的大型植株。在臺灣山上或野地非常容易見到野生姑婆芋，此類型植株通常需要較高保水度的介質。

2. 生長在石灰岩質較高的岩壁上

這類植物需要較高透氣度的介質，因此要降低泥炭土比例，增加顆粒介質比例，以提高排水性，避免水分太多增加悶溼、爛根的機會，例如黑絲絨觀音蓮（*Alocasia reginula*）、白犀牛觀音蓮（*Alocasia chaii*）這類屬於較矮小型態的葉片，就需要使用更高透氣度、顆粒較多的介質。

使用不適合的介質與比例，有可能造成不透氣、悶溼不易乾，而使得植株根系腐爛。

介質概述

1 植株生長在泥炭土比例較高的地上環境，葉片比較大型，如姑婆芋 Alocasia odora。
2 原生環境為石灰岩質較高的岩壁上，因此介質調配則傾向顆粒多一些，例如黑絲絨觀音蓮 Alocasia reginula 即屬此種類型。
3 白犀牛觀音蓮 Alocsia chaii。

[各種介質特性介紹]

日向石
排水性好，不易粉碎。

白沸石
保肥，可吸附有害物質，改善土質結團成塊問題。

紅龍石（紅礫石）
增加透氣度，不吸熱。

白火山石
含微量元素，具多孔材質可吸水，通透性高。

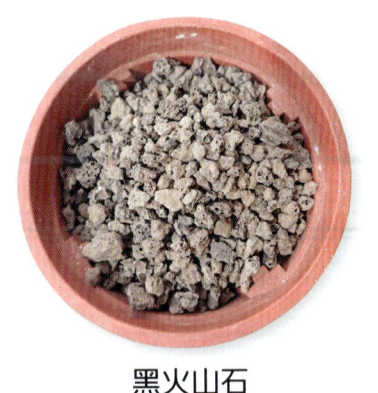

黑火山石
高通透性，提高排水性與保水度。

碳化稻殼
可中和土壤酸鹼性，含碳量高，為土壤改良劑的一種。

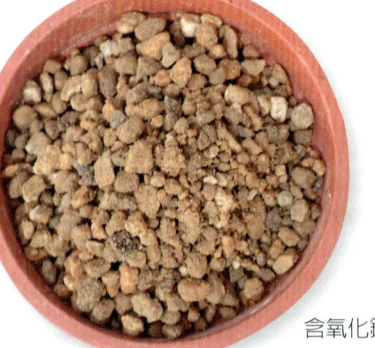

桐生沙
含氧化鐵，弱酸性，可提高保水性與排水性，質地硬，不易粉碎。

鹿沼土
質地疏鬆，通氣性良好，排水性佳，含微量元素。

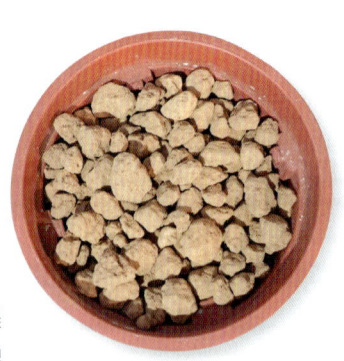

赤玉土
保水、保溼，微酸性，易粉化。

介質概述

水苔
吸水性佳，保水又透氣，可拿來溼敷根系或孵育小苗使用。

蛭石（矽酸鹽）
增加保水性，含微量元素，保肥，可調節土質酸鹼度、通氣性好、非有機礦物。

珍珠石
增加通氣性與排水度，不吸熱，pH 中性，非有機礦物

發泡煉石
有無數氣孔，保水、疏水，水耕或墊底時使用。

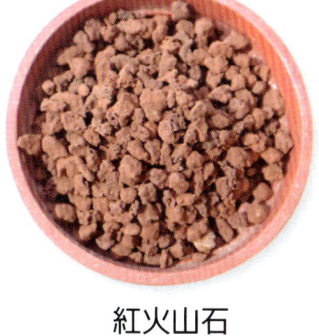

紅火山石
有氣泡狀孔隙，保水性佳，含微量元素。

珪藻土
具吸水性，增加保水度，防蟲害。

竹炭
增加排水性與透氣度，改善酸鹼度以避免土質酸化。

椰塊
透氣、保水、保肥。易降解酸化，由於來源大多為鹽分高的海邊地區，建議先泡水清洗掉鹽分再使用，坊間也有販售已經水洗過的椰塊。

泥炭土
水苔加上其他物質分解而成，取自火山地區，具疏水、肥沃、保水、通氣特性。

樹皮
透氣，微酸性，為有機物質。

介質概述

[介質調配]

植物的根系是會呼吸的，介質中必須要保有適度的空氣，才能讓根系好好呼吸，若是調配的介質疏水性不佳，容易使觀音蓮的根系悶住，或呈現類似浸泡在水裡的狀態，造成根部缺氧現象，進而導致根系腐壞與爛根，最嚴重甚至造成植株死亡。

因此調配觀音蓮介質時須把握以下四項要點，以「保水」、「疏水」、「保肥」、「透氣」為基本原則。觀音蓮大多喜歡弱酸性環境，除了要顧及酸鹼值外，也要思考自身養殖環境是否通風。舉凡在室內或室外養殖、光照強弱、是否直曬或散射光，甚至是每年的不同季節、植株大小與品種等，都會影響介質的調配方式，此外，還要考量自身的給水模式，方可建構一個適合觀音蓮生長的絕佳環境。

介質概述

大多數觀音蓮都是需要非常疏水的介質。

每個人的養殖環境與給水方式不盡相同，介質的調配需要經過個人實際使用後，方能確認是否合適。

以下為筆者經常使用的介質，介質比例均以量杯容量為基準，而非重量。1 代表一杯的容量，2 代表兩杯，以此類推。

1. 蘭美樂蘭花介質

此介質比例的特性為疏水性佳、透氣度極高，但保水度較弱。因為顆粒介質比例高，過於疏水的緣故，所以適合經常給水的使用者。

由於顆粒介質多，重量也跟著增加，因此不便依盆器重量來檢測澆水時間。建議可增加珍珠石、泥炭土來提高保水含量，避免一時沒能及時給水，導致介質過於乾燥，根系因此乾透而造成爛根。

筆者在第一次使用蘭美樂蘭花介質時，會反覆洗滌十幾次，或是使用 1mm 孔徑的篩網篩掉細小粉塵，將容易沉積在盆底的細小介質沖掉或篩選掉，以避免使用一陣子後因為介質比重因素，重又細小的介質沉積在盆底並堵塞排水孔，導致澆水後盆底積水而增加爛根的機會。

珍珠石 1
泥炭土 1
蘭美樂蘭花介質 5

介質比例：
珍珠石 1+ 泥炭土 1+ 蘭美樂蘭花介質 5
由於這配方過於疏水，若是戶外養殖時很容易因為蒸散作用旺盛，造成盆土乾燥速度太快。建議可在盆底放置淺水盤並加一點水，以維持盆內有微微水氣。

適合使用的環境：
室內陽臺、戶外遮蔽陽臺。

TIPS

此介質適合給根系穩定的中型以上觀音蓮植株使用，植株太小或是根系太弱的植株，比較容易因為頻繁給水或太快乾燥，一不小心導致爛根。

介質概述

1 珍珠石 1+ 泥炭土 1+ 蘭美樂蘭花介質 5。
2 使用蘭美樂蘭花介質的根系狀態。
3 因為疏水性太好，夏日於戶外養殖時容易因蒸散作用旺盛，造成盆土太快乾燥。可在盆底放置淺水盤加一點點水，以保持盆內微微水氣。

2. 多肉專用土加泥炭土

使用多肉專用土加泥炭土配方時，多數日子裡並無太大問題，但很常在使用一段時間或是季節轉換時期，發生快速爛根的問題。

一開始無法理解為何會這樣，但在仔細研究其配方後發現，多肉專用土本身已含有很多保水介質，比如珍珠石、泥炭土，非常適合有著肥肥蘿蔔根系的多肉植物使用。之前使用國外進口的多肉植物專用土，由於其顆粒介質細小，夾帶許多微小土壤粒子或粉塵，容易造成土壤乾硬，並且堆積在盆底悶根，這時倘若再增加泥炭土進去，保水比例勢必過高，因此使用上建議避免購買細小顆粒，而是選擇中等大小的顆粒為主。

與蘭美樂蘭花介質相同的處理方式，使用時須先仔細洗掉太細小的保水介質，並以篩子篩掉太細微的粉塵雜質，只留下顆粒以做疏水介質，避免日後太多細小土壤粉塵因為給水比重的關係，沉積在盆底增加悶根、爛根的機會。

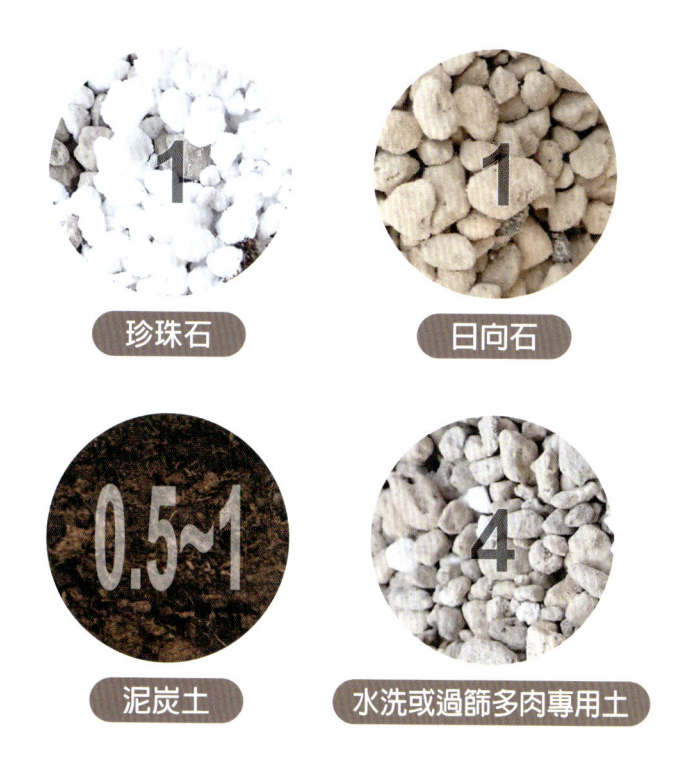

珍珠石 (1)	日向石 (1)
泥炭土 (0.5~1)	水洗或過篩多肉專用土 (4)

介質比例：
珍珠石 1（增加保水度）＋日向石 1（增加保水度與疏水度）＋泥炭土 0.5～1（有機質,保水）＋水洗或過篩多肉專用土 4（疏水透氣）

適合使用的環境：
室內或室外陽臺養殖均可。

TIPS
此介質比例可使用在小型植株（泥炭土比例 0.5）或中、大型植株（泥炭土比例 1）

介
質
概
述

1 珍珠石 1（增加保水度）+ 日向石 1（增加保水度與疏水度）+ 泥炭土 0.5～1（有機質，保水）+ 水洗或過篩後的多肉專用土 4（疏水透氣）。
2 水洗多肉專用土，只留下疏水介質。
3 使用多肉專用土調配介質的根系狀態，沒有事前清洗過或過篩除去細小粉塵介質，很容易造成部分根系悶住而爛根狀況。

3. 珍珠石、泥炭土、蛭石、樹皮（細）

此配方特色為保水、疏水，富含有機質（樹皮），因此待土壤大約八成乾時再給水。

若觀音蓮植株太小，沒有較粗的中等以上根系，會因介質太肥沃、保水，而提高悶根、爛根機率，因此建議用於中、大型且根系穩定的觀音蓮植株。

室內陽臺較不通風而悶熱，因此使用時需留意通風與延長給水時間。冬日較寒冷時期，澆水時盡量不要完全澆透盆器中間的介質，才不會造成悶熱、不透氣、不通風且不易乾燥。建議可沿著盆器周圍澆水，讓水氣經由盆器邊緣往中間自然擴散，減少悶熱潮溼與爛根的機率。

TIPS

冬天時，珍珠石多一點，或者綠豆大的顆粒介質多一點；夏天較容易乾燥，樹皮可改用椰塊替代。

介質比例：

珍珠石 1+ 泥炭土 1+ 蛭石 1+ 樹皮 5（細）

適合使用的環境：

適合使用於戶外陽臺。

1 珍珠石 1+ 泥炭土 1+ 蛭石 1+ 樹皮 5（細）。
2 使用此配方的根系狀態。由於該介質比較保水，因此必須控制給水以防過於潮溼。

4. 椰纖土加珍珠石

農場經常使用這種介質配方養殖觀音蓮，其優點為價格便宜，保水度夠、疏水性佳，不用時常澆水。

使用此介質比例時，必須留意澆水次數，不能一直想著植物可能很渴了，忍不住澆水而造成爛根。由於椰纖土為椰子殼加工後的再生產品，為天然有機介質，對環境不會造成汙染，且乾淨無臭味，保水性強透氣度佳，然而因為是有機介質，容易在使用一段時間後酸化腐壞，建議每年都要更新以免土質酸化，影響植株根系發展。

椰纖土　　珍珠石

TIPS

適合中、大型植株，太小型且根系尚未穩定的觀音蓮，容易因為給水過多，介質太潮溼悶熱增加爛根機率。

介質比例：
椰纖土 1 + 珍珠石 1
適合使用的環境：
室內或室外陽臺養殖均可。

1 椰纖土 1 + 珍珠石 1。
2 此介質配方要等到很乾燥時才能給水，此圖為農場使用椰纖土加珍珠石的觀音蓮植株根系狀態。冬天澆水時要注意頻率，並盡量沿著邊緣給水，以免中央的介質不易乾燥而悶根。

5. 日向石、黑火山石、白沸石、紅龍石、碳化稻殼、鹿沼土、桐生沙、珪藻土、蛭石、珍珠石、牡蠣殼粉（粗）、發泡煉石（底）

此為目前這幾年使用上比較順手的介質配方，不僅保水、疏水，植株根系發展健全，且不易爛根、水分好控制，與蘭美樂介質類似，保水又透氣，符合土乾氣溼的特質。

澆水前通常會先觀察盆栽是否變輕，或將表面的介質撥開，用手指摸摸看是否很乾燥，以作為澆水標準。

由於疏水性佳的緣故，若種植於戶外陽臺，白晝時可在盆底放置淺底盤，並加一點點水以增加水氣，防止盆土因為白天蒸散作用旺盛，來不及澆水導致介質快速乾燥。有時候上面的介質有些乾燥，但其實下層介質還是呈現溼潤狀態。建議除了冬天，可多等待一、兩天直到底下介質更乾燥些，再完全澆水澆透。此外，在冬天可用水霧噴灑表土，以增加一點溼潤度（非給透的方式），防止給了太多水導致過於潮溼。不給水的狀況下，中、上層土壤其實很乾燥，這時根系只

TIPS
適合使用大、中、小型植株。

日向石 1	黑火山石 1	白沸石 1.5	紅龍石 1	碳化稻殼 0.5
鹿沼土 1	桐生沙 0.5	珪藻土 0.5	蛭石 1.5	珍珠石 1.5
牡蠣殼粉（粗）0.5	發泡煉石 1/5			

介質比例：
日向石 1+ 黑火山石 1+ 白沸石 1.5+ 紅龍石 1+ 碳化稻殼 0.5+ 鹿沼土 1+ 桐生沙 0.5+ 珪藻土 0.5+ 蛭石 1.5+ 珍珠石 1.5+ 牡蠣殼粉（粗）0.5+ 發泡煉石（底 1／5）

適合使用的環境：
室內或室外陽臺都可使用。

1 日向石1+黑火山石1+白沸石1.5+紅龍石1+碳化稻殼0.5+鹿沼土1+桐生沙0.5+矽藻土0.5+蛭石1.5+珍珠石1.5+牡蠣殼粉（粗）0.5+發泡煉石（底1／5）。
2 因為疏水性太好，表面很快就乾燥，盆裡卻還有水氣。冬天時可在表面噴水霧以保持表土有溼氣，夏天則等一、兩天後再澆透為主。（此圖為使用此介質配方的根系狀態）

介質概述

得往底下找水，若剛好有淺水盤，根系很容易往盆外生長造成根系裸露，增加爛根機會，通常最好的根系表現為中層根系飽滿成長。

再次重申，沒有最好的介質比例，只有最適合你當下環境的介質比例，所有配方都要依照環境條件和天氣變化來澆水。養殖觀音蓮不能一成不變，疏水性再好的介質，若一味澆水，依然會爛根。

倘若配方裡的泥炭土、椰纖土或其他保水介質比例較高，建議在盆器底部鋪上一層發泡煉石以作為重力水層，防止有些盆器孔洞太大，小一點的顆粒介質或土壤在給水時快速流失。

由於土的比重較重，會因為水的關係往下沉積在盆底，導致根系常往盆底尋找空氣、水分而伸出盆外。若無大顆粒介質墊底，根系也很容易悶住，增加悶根、爛根的機會。

> **POINT**
>
> 泥炭土不是市面上常見的靚土或培養土，培養土富含有機礦物質，容易使環境生長出小飛蟲（小黑飛）或是導致介質發霉、長菇類。泥炭土為水苔加上其他物質分解而成，來源取自於火山地區，具有疏水、肥沃、保水與透氣等特性。
>
> 養殖觀音蓮最好的根系環境是介質微乾，但裡面保有溼氣的狀態。

〔廢土處理方式〕

換盆時會換下使用過的介質，通常我會先逐一挑出爛根、雜質及子球（若有子球的話），再清洗乾淨後另外打包放置。

廢土則是放置大盤子上通風，並於陽光下曝晒乾燥，通常夏日曝晒一週，冬日約兩週時間，目的是改善介質通透性與排水性，並達到消毒的效果。

晒乾消毒後的廢土可裝袋後再生利用，像是種植蔬菜類或戶外野放的植株。由於大多數介質是以人工製作方式而成，部分參雜有化學肥料，或可能放入顆粒緩釋肥（顆粒為塑膠成分），因此不適合隨意傾倒於公園或田地裡，容易造成環境汙染。

養殖觀音蓮更換介質時，須採用全新介質，以免因舊介質消毒不完全，殘留前植株所遺留下的病蟲害，或出現介質使用過久，早已酸化降解的問題，影響根系健全發展。且在舊介質裡經常會有其他觀音蓮植株遺留下來的子球，若使用在其他觀音蓮的養殖，很可能將長出的小苗誤以為是側芽，發生誤認植株的情況。

1 換下來的廢土曝晒陽光下殺菌。**2** 從換下的廢土中所挑出的子球。**3** 以廢土養殖海龜串椒草。**4** 以廢土養殖大麥克。

〔水苔使用方式〕

在購買水苔時，可採購智利出產的產品，保水度較佳，也較少枝梗雜質。第一次使用時，先泡水一段時間，讓水苔充分吸飽水分，並逐一挑出參雜在裡面的雜質後，稍微擰乾水分，放入盒子內保存，要使用時再取出適量水苔，先以熱水煮滾消毒殺菌，放涼後再使用。

利用水苔養殖多為敷根或培育小苗，除了珍珠石外，盡量不混入其他介質，以免潮溼悶熱、發霉長出細菌、真菌，增加植株染菌機會。

使用時，1：1加入珍珠石，水苔先用剪刀剪碎後擰乾使用，其具有保溼、透氣的特性。

TIPS

使用過後的水苔，可挑除因晒到陽光而嚴重綠化長青苔的部分，並去除遺留在水苔上的斷裂根系，接著以熱水煮滾消毒後擰乾水分，放置於乾淨的盒子內保存，回收再利用。

1 取出適量水苔。 　　**2** 泡水一陣子。 　　**3** 挑出枝梗雜質。

4 去除水分。

5 放置於盒子內保存。

6 取出欲使用的量以水煮消毒。

7 放涼後去除大部分水分。

8 混合珍珠石並捏乾水分。

9 放置於透明盒備用。

介質概述

澆水作業

Foliage plants

植物和動物不太一樣，它無法像貓咪或其他寵物可以透過行為表達其生理需求，例如貓要是肚子餓了或不舒服時，會發出喵喵叫的聲音表達其情緒，然而植物只能藉由葉子或葉柄的表現，傳達它所面臨到的問題，而我們所能做的就是藉由觀察葉面或根系表現來對症下藥、解決問題。

每個種類的植物對於水分需求不盡相同，有些植物很需要水，像是銅錢草、水芋類都很愛水，你可以天天澆水，但有些植物卻非常耐乾旱，比如多肉植物、仙人掌類植物，若水給多了，它們就會像是在海裡溺水一樣，痛苦不堪，甚至死亡。

有人說觀音蓮喜歡水，也有人說它們不喜歡水。根據這幾年的觀察，我發現它們喜歡水，但卻不喜歡盆子裡太多水而悶住了根系；它們喜歡空氣裡很多溼氣，但不喜歡住在很潮溼的土裡，僅需要微微水氣。

若水給少了，葉面看起來會呈現病懨懨的沒什麼元氣，若忘了澆水，嚴重些會造成葉片乾枯黃化、根系乾燥，植株因缺水而爛根甚至死亡。若水給多了，植株根部長期泡在水中，造成根系無法換氣，在無法呼吸的狀態下，也會造成根系腐爛。

「澆水三年功」，光要學會澆水這件事，得花個三年工夫才有可能做得好。尤其幫觀音蓮澆水更是一門很深的學問，人類總以自己的想法與思維去照顧植物，覺得植物就是很缺水所以必須天天給水，最後導致植株出了問題，但依然無法看清自己的問題到底在哪裡。

1 水給少了葉子會呈現無生氣的下垂。**2** 澆水前可藉由觀察植株葉面狀態做判斷。**3** 可由盆子外圍觀察根系狀態，判斷是否需要澆水。**4-5** 植株透過澆水注入空氣、水氣。

澆水作業

常常聽聞其他人固定每三、四天幫觀音蓮澆水一次，但不知道為什麼最後植株還是爛根死亡。其實，觀音蓮並沒有固定的澆水時間與模式，必須隨著很多因素做調整。

如果你和我一樣是位在家工作者，可以待在家裡長時間養護植物，那麼就可以時常藉由觀察，輕易找到植株所需要的澆水養護方式。倘若你的工作得到外面上班，工作繁忙，待在家的時間不多，甚至有時還得經常出遠門工作或到處旅行的人，那就得研究該如何適性的調整澆水方式，甚至教會家人適時協助幫植物澆水。

筆者曾在春天與炙熱的夏天出遠門一至兩個禮拜的時間，那時請家人協助簡單的澆水與調整加溼器運作時間，因此觀音蓮們也安然一起度過了個美好長假。

觀音蓮的澆水方式其實會隨著節氣與環境變化，冬天或夏天的陽光、風向，以及不同品種、植株大小等，皆有不同的澆水方式和時間，建議多觀察並留意節氣變化，看看植株是否有何狀況，今天與昨天有何不同，藉由觀察，就能找到屬於自己環境的澆水方式，擺脫觀音蓮殺手的困擾。

澆水作業

1 白犀牛觀音蓮使用大量泥炭土加上珍珠石種植，因此澆水頻率不用太高，然因其葉片較厚，需較高溼度，建議可擺放於加溼器旁，以免葉片過於乾燥造成內捲情況發生。**2** 此株瑞基觀音蓮葉片呈現內捲狀態，乃因盆內水分太少，炙熱的夏天環境溫度太高、空氣溼度太低所致。此時可採取盆泡給水方式放置陰涼處半天，在補水後很快就會恢復正常了。

［澆水的時段］

觀音蓮的養護，最重要的部分除了介質外，就是澆水。

一般人對於養護植物的主觀意識都會以噴水、灑水為主。噴水很常只是將水噴灑在葉片與盆土表面，然而其實盆土是呈現半乾狀態。另一種情況為盆器底部介質依舊是很潮溼的狀態，表面噴了水之後，盆底下更加悶熱潮溼。除此之外，還有一種情況是盆器裡的介質已經相當乾燥，但只噴水給表土水氣，然而水並沒有澆透到底部，導致根系嚴重缺水，這情況很容易因為上層悶住，使得沒有氧氣輸送以讓根系呼吸。切記，澆水時需要注意的是適時的澆透、給透，而不只是表面噴噴水。

有些人則覺得植物很需要水，因此每天瘋狂給水，卻不知盆子裡早已積滿無法蒸散的水氣，造成盆子內部悶熱，根系無法呼吸。在三番兩次瘋狂給水的狀態下，觀音蓮不像其他植株般有強壯的蘿蔔根，因此就會漸漸糊爛掉，因為爛根導致植株塊莖染菌腐壞，最後植株死亡。

正所謂「沒事多澆水，多澆水定出事。」一定要記住，觀音蓮很怕盆子內部的悶與熱，喜歡土乾（盆內土微乾）、氣溼（盆內土有足夠溼氣，生活環境有溼度）。

1 一般人澆水時多以噴水為主，若盆底未乾，再噴水只會造成悶根。若盆子內介質已經沒有水分，水僅噴灑在表土，那麼裡頭的介質依然無水，最後植株會因根系無水而枯萎。**2** 有些人覺得植物很需要水，每天瘋狂給水卻不知盆內早已堆積水氣，造成悶根、爛根的窘境。

澆水作業

觀音蓮在澆水時，要先確認現在的季節。一般來說，春、夏、秋季的給水方式差異不大，尤其在臺灣南部地區，春天到秋天大部分的時間天氣晴朗溫暖，因為陽光強烈的關係，水分蒸散快速，盆栽可能沒幾天很快地就乾燥了。冬天時陽光熱度較弱，但又時常有東北季風吹襲，與春、夏、秋三個季節呈明顯差異性。以下分兩個時節做澆水技巧說明：

澆水作業

澆水時先確認現在的季節，所處位置，植株養護環境，以作為給水的依據。

1. 春、夏、秋季

　　通常這三個季節要在早晨七到九點之間，也就是中午強烈日照之前，或者是傍晚太陽剛下山不久後澆水。夜晚或清晨可觀察植株是否有泌液滴落，切記，有泌液的那幾盆植株隔天不要澆水。

　　早上十點到下午三點左右，強烈的日照會把盆栽裡的土晒得熱呼呼，若早上沒給水，植株可能會因強烈的蒸散作用而感到口渴，而中午那段時間的表土和環境正處於酷熱點，若這時澆水會造成盆內水分被高溫所蒸發，在盆子裡形成熱氣，反而因此灼燒根系，導致爛根。建議的做法是在盆子底部放置底盤，並於底盤加點水，藉由盆底水分蒸發以增加盆土水氣。待太陽下山後熱度逐漸散去，這時澆水剛好可適時澆散盆內熱氣，注入新鮮氧氣，根系得以好好呼吸。

　　晚上蒸散作用開始減退，盆內溼度會增加，因無陽光日照進行光合作用的關係，這時不適合給予太多水分，否則植株水分過多，只能將水以根壓作用輸出至葉片上擠出，若此時再度給水將會造成水分無法排出，在根系無作用、盆內潮溼悶熱情況下，將增加爛根機率。

春、夏、秋三個季節的澆水時間落在早上七點到九點之間，或是傍晚太陽下山後比較恰當。

澆水作業

1 由於夏季十點到下午三點之間環境與表土充滿熱氣，因此不適合澆水。**2** 晚間盡量不澆水，以免蒸散作用減緩造成悶根現象。**3** 前一晚或清晨有泌液現象時，則隔天不宜澆水。

2. 冬季

在中、南部地區的冬天大部分時間陽光溫和，然而北部可能整日陰雨天，清晨時低溫寒冷，水氣蒸散作用降低，植物生長也明顯遲緩許多，甚至停滯生長。此時澆水時段會延後至中午十點至下午兩、三點左右，也就是天氣較為暖和的時間點澆灌給水。該時段溫度適中，若過早或過晚澆水，水溫、氣溫較低，有可能因為低溫增加觀音蓮植株根系凍傷的機率。

由於冬日蒸散作用減緩，因此澆水頻率也要適時減少，僅給予少量的水或甚至不給透，以免蒸散作用不旺盛、氣溫低等因素，稍有不慎造成水氣在盆內堆積而悶根。總而言之，冬日澆水得更謹慎才行。

無論春、夏、秋、冬任何時節，晚上無陽光日照，觀音蓮無法行光合作用，該時段水氣重、盆內潮溼，因此傍晚過後盡量不要幫植物澆水，澆水要以白天有日照的時間為主。

1 冬日天氣溫和，澆水時間要落在早上十點到下午兩、三點之間，並降低澆水頻率與澆水量。2 冬天因為低溫的關係，觀音蓮生長明顯遲緩，可能會有新葉展葉不全的現象，甚至停止成長等問題。此時澆水必須謹慎，以免水給太多導致爛根機率增加。此圖為新葉展葉不全，造成畸形葉。

[判斷何時該澆水或是限水]

上段談到春、夏、秋、冬季節的澆水時間點，接下來我們就要說明出現何種情況下時，是需要澆水或限水。

1. 盆子拿起來輕輕的

準確來說，就是盆栽的重量比起上次澆水給透時，至少輕了一半以上，這時就要給水澆灌，以免介質繼續乾燥，造成盆土內部無水氣。

由於「輕輕的」這現象只能憑藉個人感覺，很多人無法記住比上次輕的感受度，這時我們也可以用科學的方式，就是在每次澆過水後以簡單的磅秤秤重作為標準，只要盆土輕到一個程度，即可輕易作為澆水的依據。

此種方式適合觀音蓮種植盆數較少的人，若像筆者有五、六百盆各式大小的觀音蓮，就不適合每盆秤重，否則會花費大量時間在澆水後秤重這件事上。

2. 以手指感測盆土乾燥情況

將手指伸入盆栽表土內約一個指節深度，若盆內摸起來感覺很乾燥，就須留意可能應該要澆水了。但此種量測方式要配合盆器大小與重量作為判斷的輔助依據，若使用的盆器很大，雖然表土已乾燥，但很可能盆子內部還很溼潤，不一定是需要澆水的跡象。

1 盆栽拿起來比上次澆水給透時，感覺重量至少輕了一半以上，這時就要進行澆水作業了。2 以手指伸入盆栽表土內約一個指節深度，若盆內摸起來感覺很乾燥，就要留意可能需要澆水了。

3. 葉片委靡向內捲、葉柄下垂現象

在觀察葉子表現時，若發現葉片突然有點委靡向內捲，葉柄下垂等跡象（通常是所有的葉片，不會只有單一葉片如此表現），就要趕緊澆水、反覆澆灌，並使用植物支撐架給予葉柄支撐，於盆底給予盆泡幾個小時左右，通常多數植株在急速缺水狀態下進行該急救作業，大多可以恢復原本的狀態。

當缺水太久，植株部分根系受損，老葉在拯救後會有黃葉凋謝狀況，若此時植株不夠健壯，很容易因根系早已受損乾透，再給水時根系無法吸收，造成爛根甚至塊莖快速腐爛，植株直接死亡情況。

因此建議應避免盆土過於乾燥，葉片全數委靡時澆水，尤其冬日當東北季風吹襲時，可在盆子底下墊個淺水盤，適度避免強風過度吹襲而造成盆土快速乾燥問題。

4. 觀察根系表現

若使用半透明盆養殖觀音蓮，可從盆器外圍觀察內部根系表現，是否有水氣在盆子外圍。若無任何水氣，看得出根系很白，甚至隱約可見根毛狀態，盆子拿起來重量也有點輕，即表示應該要澆水了。

1 在觀察葉子表現時，若發現葉片突然有點委靡向內捲，葉柄下垂等跡象，要趕緊澆水、反覆澆灌，並使用植物支撐架給予葉柄支撐，盆泡幾個小時。**2** 若使用半透明盆養殖觀音蓮，可從盆器外觀察根系表現，是否有水氣在盆子外圍。若還有水氣則暫時不要澆水。**3** 看得出根系很白甚至隱約可見根毛狀態，盆栽拿起來也有點輕，即表示應該要澆水了。

〔澆水方式〕

前面講解了觀音蓮的澆水時段，並確認觀音蓮需要澆水後，我們應該要如何澆水呢？是否要給透？又該如何給透呢？關於這澆水「眉角」也是筆者一直在做微調的部分，通常我會依照季節變化，並搭配二十四節氣作為澆水依據。

1. 春、夏、秋季

春、夏、秋季大部分是晴朗且炎熱的日子，尤其夏日時節與春天或秋天交替時，澆水會循序漸進給透。

第一次澆水時，若水分快速流出盆底，介質可能只有水通過，尤其是疏水介質，基本上水分沒有吃進介質裡，又或者泥炭比例高的介質，水分快速通過，但內部依然呈現凝結乾燥。此時，要再反覆給水澆透至少三次以上，或至少連續注水二至三分鐘以上，甚至要多次給予水氣，以注入氧氣。如此反覆澆灌的情況下，除了可以將水氣帶入介質裡，也可藉此除去堆積在介質裡的熱氣，讓根系得到更好的呼吸環境。（中小盆觀音蓮植株依照此方式給透為主）

1 第一次水直接流出盆子外，通常水只是流過介質，並無保留在介質內。**2** 反覆給透三次水或持續澆灌二到三分鐘，讓水吃進介質內並除去積存的熱氣，使根系得到氧氣，以利呼吸。**3** 盆子太大時，澆水以繞著盆緣澆灌為主，讓水分由邊緣往內擴散，減少中央處悶盆、爛根的機會。

大型觀音蓮植株以超大盆養殖，若使用比較不疏水、泥炭比例較高的介質，由於盆器大、盆內介質多的關係，盆子中央的介質很可能依舊溼潤，無法完全乾燥，此時可採取繞著盆內四周邊緣澆水的方式，而不直接澆灌到中央可能依舊很潮溼的盆土，以免中央介質過於潮溼，造成中央處爛根，影響植株成長。

　　澆完水後，確認盆栽重量比尚未澆水時沉重很多，這時可將盆器稍微傾斜，以讓沉積在底下多餘的水分順勢流出，避免盆底積水。若盆底積水太多，根系往下找水，反而容易增加根系悶住爛根的情況發生。另外，當介質使用久了，很容易產生土質結塊情形。在澆水之前，可輕壓盆緣，將盆土適度鬆動，製造空隙與介質表面積，避免因為介質過於乾燥、結塊等因素，導致介質表面積減少，無法吸收大部分水氣，造成澆水只是讓水通過介質，而無法保留在介質裡的情況。

　　澆完水後，盡量記住澆灌滿水的感覺，或是秤重量作標記，以作為下次澆水的判斷依據。

1 澆完水後，可將盆子稍微傾斜，以讓沉積在底下多餘的水分順勢流出，避免盆底積水。
2 在澆水之前，輕輕按壓盆緣以讓盆土適度鬆動，製造空隙與介質表面積，如此一來澆水時才會有更多水分得以保留在介質裡。

2. 冬季

　　由於冬天陽光溫和，蒸散作用降低，因此要減少澆水頻率。當植栽重量大約八成輕再給水，但不能因為擔心冬天蒸散作用低而幾乎不澆水，因為觀音蓮們還是很喜歡盆內有微微水氣在。

　　冬季澆水時，通常不會一次給透，只會沿著盆器周圍以噴小水霧的方式給水。只要水滴出盆外，即停止給水。因為中央是最不容易乾燥的地方，容易悶根爛根，若中央也給水給透，會因水氣太多導致內部悶住，增加爛根機會。

　　當冬季寒流即將到來時，氣溫可能低於 15°C 以下，這時要停止澆水，頂多適度在表土噴點水霧或放淺底盤給予一點水氣，以免在天氣冷的狀態下，日照少、蒸散作用低、植物生長緩慢、根系吸水率降低，以及由於天氣太冷根系可能無作用的狀態下，盆內都是無法蒸散的水氣，或根壓無作用，造成根系悶爛壞死。

　　此時的觀音蓮葉片狀態會是開始一葉一葉黃化凋謝，最後只剩一片葉子或葉片全數凋零，類似休眠的狀態。由於觀音蓮不喜歡冷天氣，因此在寒流來襲的日子裡，要將觀音蓮收進室內以躲避寒害。

澆水作業

1 低溫下只須適度在表土噴水霧，或放置淺底盤給點水氣。2 寒流來的日子，觀音蓮需要收進室內以躲避寒害。3 冬天澆水時，通常不會一次給透，只會沿著盆子周圍以小水霧的方式噴霧給水，只要水滴出盆外，即停止給水。4 觀音蓮不喜歡低溫，容易因天氣太冷使得葉片凋零黃化。5 寒害造成黃葉。6 低溫寒害造成植株爛根，葉子邊緣潰爛。

73

NOTE
注意事項

● 倘若因為墊了底盤，根系為了尋找水源而往下伸出至底盤，長出太多根系裸露在盆器外，建議儘速幫植物換盆，並小心將觀音蓮取出，盡量不要傷到裸露的根系與根毛。

取個大一號的盆器，將取出的觀音蓮植株與盆土完整的放到新盆器裡，接著於盆器邊緣加一些新的介質埋回去。要是原本的介質依然很潮溼，在換盆時未動到根系情況下，當天可先不澆水，直接放回原本養殖的地方服盆。

● 冬天植物大多生長緩慢，日照時間短、光照容易不足、蒸散作用低，此時要減少澆水外，也要減少肥料的供應。在觀音蓮無法吸收的狀態下給予太多肥料，會造成介質過於肥沃，肥傷機率大增。

有時觀音蓮並非因澆水太多而爛根，常常是因為給了太多肥料，植株無法吸收導致爛根死亡。

● 任何季節澆水時，請避開葉片，避免直接淋在葉片上，而是要沿著盆器邊緣慢慢給水。若直接以水柱大量噴灑葉子，容易造成葉面過於潮溼，增加染菌機率。

冬天應減少給觀音蓮添加肥料，以免根系不吸收，增加爛根機率。

1 若長出太多根系裸露在盆器外，須儘速幫植物換盆。

2 換盆時盡量完整脫盆，以不傷根系為主。

3 換到比原本再大一點的盆器內，補充點介質。

4 澆水時請避開葉片，以免葉子發生染菌狀況。

> 赤丸老師的話

　　當東北季風強勁，空氣溼度低時，我會在種植空間擺很多水箱，以降低通風、提高溼度。盆栽的腰水也要留意，建議選用高一點的底盆，水位以上 3～5 公分不要有根系會比較妥當。因為重力水可以積到很高，當介質密度越高，根系越容易悶住，像是銅桑德觀音蓮（Alocasia chantrieri）就很適合以這種墊底盤的方式種植。然而先前我種植銅桑德觀音蓮時曾試著讓它適應到比較乾的狀態，也是有生長出很多大粗根。

　　其實植物隨著四季更迭，每天都在適應環境，慢慢成長，重點是每天要隨著植物的需要去做微調整，比如說當葉子越來越多時，澆水次數跟肥料濃度就要跟著提升，當換盆後就要降低澆水次數，因為新家蓄水能力更好，若一直用同樣方法澆水一定會太溼。

1 空氣溼度低時，藉由擺很多水箱來提高溼度。**2** 銅桑德觀音蓮（香特莉莉）A. × chantrieri。**3** 水位 3 公分以下不要有根系。

此外，我會觀察生長很多葉子的植株，看它的根是直通往下還是水平分散。當根系呈水平分散時表示植物能吸收到更多土層的養分。由於介質會影響根系發展趨勢，這時我就會仿造那盆生長良好的植栽其照顧方式，若是介質偏有機細顆粒，通常澆水次數較少，粗顆粒就須經常保持表面微溼。

　「土乾氣溼」，切勿亂澆水，盡量維持空氣溼度穩定，多放水盤、吊掛溼毛巾，以幫忙增加水分蒸發到空氣中的比例。養植物露點很重要，那跟 VPD（空氣中水蒸氣量與水蒸氣飽和點間的差值）有關。

根系水平分散，則仿造那盆的盆土與照顧方式給水。

如何成功孵育子球

養植觀音蓮很有趣的地方在於植株穩定養殖一陣子後，它會長出子球以繁衍後代。有時會在盆土表面某處突然發現長了顆球狀小物體，那便是觀音蓮長出來的子球。若子球突出表土太多，看起來呈現深咖啡色成熟的模樣，可採摘起來孵育，成為另一株性狀與母株相同的觀音蓮。若未採摘孵育，時間久了子球可能會因為失去水分而乾癟，沒有活性。

此外，換盆時也可留意介質裡是否有子球掉出。若有子球，只要成熟度夠，均可以採摘下來另外孵育。若在不成熟狀態下，則留著子球讓它繼續跟著母體直到成熟。

換盆時，若發現側芽，要是沒有三到五片葉子與穩定的根系，通常不會採收下來另外養殖，而是留在盆子裡，讓它與母株一起成長到大。直到下次換盆，側芽根系相對穩定，至少有三到五片葉子以上時，再分開獨立一個盆器養殖。若母株本身因為根系潰爛，則會將側芽另外採收下來獨立養育。

如何成功孵育子球

1 盆土表面凸出來的咖啡色小球即為子球。**2** 子球可採摘下來孵育，以免失去水分後乾癟。**3** 換盆時注意是否有子球掉落，成熟的子球可採摘來孵育。**4** 若有側芽，留著與母株一起養大，直到有三至四葉以上再分開種植。

孵育子球時，需準備的工具如下：

1. 成熟的子球
2. 泡水後清洗並水煮消毒過的水苔
3. 與水苔等量的珍珠石
4. 透明有蓋的小塑膠杯或密封盒（清洗後噴灑酒精消毒再使用）
5. 牌卡、奇異筆

水苔　　有蓋透明杯　　珍珠石

奇異筆

子球　　牌卡

孵育子球步驟

1 採收子球後，先簡單沖洗，將子球上面的塵土清洗乾淨。（勿過度清洗）

2 在牌卡寫上採收日期、植株名稱和子球數量，以作為植株辨識。

如何成功孵育子球

3. 準備泡過水，以熱水消毒乾淨並以剪刀剪碎的水苔。（務必去除枝梗雜質，以免根系攀附其上難以拔除）

4. 取水苔、珍珠石各半後混合沖洗。（不使用營養液）

5. 用手捏乾水分，讓介質呈微微潮溼狀態。

6. 置入預先噴過酒精消毒的透明容器裡。

如何成功孵育子球

7 將子球根部朝下置放（根部為與母體相連處），埋入水苔裡，上半部露出三分之一即可。

8 在容器邊緣放入牌卡（文字部分向外以方便辨識），蓋上透明蓋後將整盆置放於角落低光源處。

9 再來就是耐心等待，每天大概看一下是否開始有根系長出。

COLUMN
如何分辨子球的根部、頭部

子球生長時會有一邊與母體相連，像似胎兒與媽媽相連的臍帶，有一個拔下來後的缺口。另一端為頭部，外觀比較尖，是會長出葉子的芽點，孵育時將芽點朝上。若無法分辨出方向，也可將子球平放孵育。

採收下來的子球請務必做好保溼並盡快孵育，以避免長時間置放，容易造成子球乾燥，乾癟萎縮失去活性。

頭部外觀比較尖，根部會有一個拔下來後的缺口。

此圖中子球頭部均已長出芽點。孵育時會將芽點（頭部）朝上為主。

TIPS
發泡煉石悶養

幾年前開始養殖觀音蓮時，會使用清洗乾淨的發泡煉石加一點水悶養，這方式很容易孵育子球，比較不會因為水苔過於潮溼，導致子球腐爛的窘境。但隨著養殖觀音蓮的數量越來越多，子球數量已達數百顆，改使用水苔孵育比較不佔空間，也就逐漸捨棄用發泡煉石孵育子球的方法了。

發泡煉石也可孵育子球。

將發泡煉石清洗後置入子球孵育。

〔孵育過程注意事項〕

悶養子球時,要經常打開檢查水苔狀態,若水苔變得過於乾燥,可適當噴些水霧補充溼度。

以水苔孵育子球有些風險存在,若子球太久都沒動靜,但外觀看起來好像沒有異樣,這時可先將手消毒乾淨後取出子球,捏捏看是否依然緊實。依過往經驗,很常在半年左右發現子球其實早已呈現內部空洞腐壞,這時若有其他子球在同個小悶盒裡,請儘速取出檢查並消毒,然後更換水苔、珍珠石重新布置孵育環境,若放著不管,不久後整盒子球會全數感染並腐敗。

1 若水苔過於乾燥要打開補充水氣。**2** 子球悶養半年左右都沒動靜時,可取出查看外觀是否有異樣。**3** 輕捏子球若呈軟爛狀,表示內部早已腐壞爛光。

當子球本身不夠成熟、健康，或外殼未沖洗乾淨帶有細菌、黴菌導致發霉，甚至是水苔本身消毒不夠乾淨等因素，都容易造成悶養過程中子球爛光的情形。有時只需將爛掉的部分作切除，用水清洗後更換水苔，另外取根線清以水稀釋1000倍（根線清本身含肉桂萃取物）後在切除的傷口噴三下做簡單消毒，再將子球放置水苔上，記得傷口處朝上，盡量不要讓傷口碰觸水苔並保持乾淨，然後重新蓋上蓋子悶養根系。

　　每天由盆外觀察傷口是否有小蟲子啃咬或腐爛的顏色。若有小蟲或爛掉的部分，務必重新清理過。若一切沒有異狀，可繼續悶養子球，直到子球長出根系與葉子。

　　若腐爛的子球太小顆，通常就不會使用殺細菌、黴菌、真菌等藥劑處理，以免子球太小顆藥性太強，致使小子球失去活性，或敷出來的子球有不夠健康的情況，時常爛根需要反覆重新悶根。過去也曾乾脆切除腐爛處而不消毒，最後成功救回腐爛的子球。

　　利用噴灑根線清消毒所救援的子球，成功救回的比例約一半左右，基本上只要有機會存活的植株，筆者都會試驗以各種方式救援，期望找到最合適的處置方式。

1-2 悶養過程中若遇到子球腐爛，可將腐壞處切除，並搭配使用根線清，以清水稀釋1000倍後在切除的傷口噴三下做簡單消毒。

孵育子球時，要等它醒來有時得經過好幾個月的時間，由於時間過長，光照可能會使水苔長出青苔，這時記得要更換新水苔。在個人養殖經驗裡，只要孵育根系的子球苗盆裡長出太多青苔，植株都會有長不大，甚至爛根的情況發生。

　　若子球類似大拇指大小，通常等上好一陣子也不一定會孵育出根系，這時可使用多一點水搭配水苔、珍珠石做盆泡，以保持高溼度。溼泡方式需半淹沒子球，類似小時候孵育豆芽菜的孵育方式。要是依然不長根系或芽點，也可直接以水半淹過子球，等開始長出根系或冒出芽頭後再取出子球，避免根系繼續泡在潮溼的水裡導致腐爛。

　　此方式適合超大顆且成熟的子球，若太小顆或不成熟子球，建議不要使用此方式，以免不小心直接將子球泡爛。

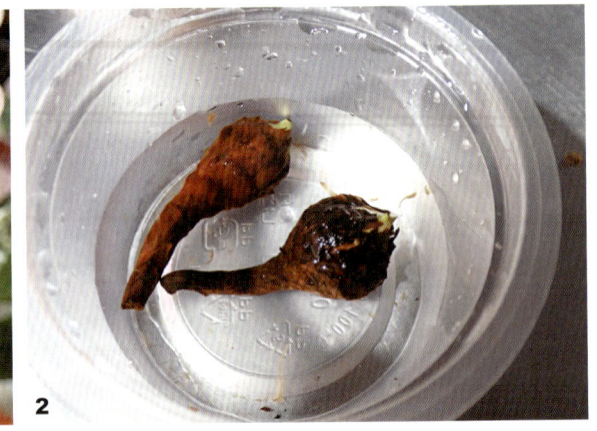

1 在個人養殖經驗裡，只要孵育根系的子球苗盆裡長出青苔，都會有長不大甚至爛根的情況發生，此時建議將水苔換新。2 子球很大顆不好孵育出芽時，可將子球以泡水半淹的方式孵育。3 長出芽點即可移置水苔繼續悶養。

若是孵育的子球在成長過程中只長葉不長根，通常此類型的小苗不會健康成長，因為沒有良好的根系，長再多葉子只是徒然。由於根系為向陰性，葉子是向光性，此時可移動小苗悶盒到更暗一點的地方，以讓它繼續悶養出根系。

　　有時悶養子球的水苔環境太潮溼，很可能讓好不容易養出來的根系泡在水裡，導致爛根，甚至子球爛掉。因此要視情況替換更清爽不黏膩的水苔環境，並小心去除已腐爛的根系，保留完好根系，將爛根的子球清洗乾淨後，置入沒那麼潮溼的大悶箱，讓它處在有點乾又不會太乾的水苔裡繼續悶養。

　　另外，當孵育子球時，請勿將肥料噴灑在水苔上，一來是子球不需要肥料輔助發芽，二來是介質太肥沃，光照下易使水苔長出青苔，要是青苔太多，夜晚容易與植株搶氧氣，導致植株比較無法正常生長，新長出的根系容易出現爛根情況。

1 子球一直都只有一、兩條根系，這時可移動子球苗到更低光源處。
2 子球只長葉子不長根。
3 悶養環境過於潮溼時容易導致子球長出的根系爛根，此時可將子球苗移動到不黏膩的環境繼續悶養。

〔悶出根與葉後該如何繼續悶養〕

當子球長出幾條根系並長出葉子後，若長出很多根，可用小夾子小心地將子球苗取出，以不動到根系的方式（上面會有掌管吸收作用的根毛，小心不要損毀）連同原本的水苔一起換到更大的悶杯裡，接著在牌卡上標示日期並將杯蓋開洞，加入多一點消毒乾淨的珍珠石與水苔後上蓋，保持杯內有 80%～90% 溼度，再將悶杯移動到 4000 流明的植物燈照環境，當根系、葉子越多時，則要慢慢增加光照度，以免植株徒長。等小苗至少長出四到五葉開始跳葉子，有穩定的粗大根系後，再考慮更換為土壤介質養殖。

以筆者自身經驗來說，根系越少，葉片也會越少，要是這時候直接更換成土壤介質來養殖，根系會無法適應新環境，導致生長遲緩植株長不大，甚至葉片會比起用水苔養殖時更為乾癟小片，使得爛根重新敷根的機率增高。因此，只要根系不泡在水裡腐爛，保持水苔有溼氣，可繼續養到植株健康具備健全的根，再更換為土壤介質也不遲。

1 子球長出根系與一、兩片葉子。
2-3 像這樣長出很多根系時，可將子球苗換到更大的杯子繼續悶養。4 也可改用透明夾鏈袋悶養。5 待長出這麼多根系時，可考慮改換成土壤養殖。6 只有一、二條根時則繼續用水苔悶養。

如何成功孵育子球

〔 小苗該如何換土養 〕

　　小苗的介質由水苔轉換到土壤，是子球從孵育到長大時最關鍵的階段。換土養殖的時間點若抓得好，介質選用正確，小苗才有機會順利長大，否則很容易在這個步驟爛光好不容易養出的根系與葉片，一切重新來過。

　　依據過去無數次的經驗得知，當觀察到透明杯子內植株根系非常穩定，長出兩根以上的粗根，至少生長三到四葉並開始跳葉時，是更換為土壤養殖最穩定的時機點。當然有時也會只有一到兩片葉子，但出現很多粗壯根系的狀態，這時也有可能會依照根系導向作為更換土壤介質的依據。

1-2 透明杯子內植株根系非常穩定，當其長出兩條以上的粗根，至少生長三到四葉或開始跳葉，此時更換為土養最穩定。**3-4** 有時只有一到兩片葉子，但出現很多粗壯根系，這時也可依照根系導向作為換成土養的依據。

更換為土養所需工具如下：

1. 三寸的半透明塑膠盆（方便觀察根系）。也可使用不透明盆，根系不透光植株會更穩定。
2. 1／5 盆高的發泡煉石（中等顆粒）
3. 適合小苗使用的配方土（請參閱附錄）
4. 善玉肥 2 號＋吸管＋ 1000cc 量杯（冬天時肥料可省略）

　　善玉肥 2 號為菌根菌肥料，可增加根系的強健度，但在冬季換盆時則建議不施用肥料，以免蒸散作用低，根系吸收作用低，造成盆內土壤過於肥沃而肥傷導致爛根收場。

| 小苗換土養步驟 |

1 用夾子將小苗由透明塑膠杯裡取出，此時要留意根系上細小的根毛。

2 取下水苔時小心不要扯掉太多根毛，水苔不需清除到非常乾淨。若完全清除乾淨，表示根系上的根毛也被拉動摧毀，換盆時可能會造成這幾條根系吸收水分的效率降低，增加根系在盆土裡直接爛掉的機率。

如何成功孵育子球

如何成功孵育子球

3 盆內置放約 1 / 5 高的中等顆粒發泡煉石。

4 接著放入一層介質。

5 調整植株高度，以剛好埋住根系莖部為主。勿將介質埋太高，葉柄跟基部若有介質，須清洗整理乾淨，若有小石頭掉落卡住，可用小夾子夾除。

6 反覆澆灌讓盆器內的介質充滿水分。

7 以吸管取 1cc 善玉肥 2 號（使用前搖動均勻，避免沉澱），加入 1000cc 的水混合，底下置放水盤承接流出的液體肥料，至少反覆澆灌十數次。

8 將澆灌完的植株放置在水槽或底盤上，水槽或底盤內放入約盆器一半高度的營養液，盆泡半小時左右定根。

9 盆泡定根完後移出植株至有淺底盤的位置，蓋上透明蓋，記得蓋子需有透氣孔以讓觀音蓮小苗呼吸，並保持 80%～90% 溼度，然後將植株放置在 4000 流明的植物燈光照下悶養。

隨著植株越來越大，根系非常穩定的狀態下，可逐步增加光照度，並適時慢慢移開透明悶蓋或增加開蓋時間。切記悶蓋不能馬上拿掉，以免溼度降得太快，葉片很容易直接癱軟，植株也容易因為環境變化太快而增加爛根的機率。

如何成功孵育子球

\\NOTE// 注意事項

● 悶養時避免光源太暗,才不會造成觀音蓮徒長,植株易生長遲緩。

● 若在養殖時使用半透明盆器,一段時間後根系沿著盆邊長,並穩定開很多葉子跳葉後,建議將觀音蓮移出悶養區域,置放於大株觀音蓮底下或植物群聚處,先讓其慢慢適應環境,再逐步觀察是否需要增加或減少光照度,找到最適合它們的生長環境。

● 移出悶養區後,觀音蓮植株沒有非常穩定前,暫時不要施用任何肥料澆灌,以免植株過於瘦弱無法吸收,造成肥傷。

　　當判斷需要給肥時,以噴灑葉肥為主,但肥料比例要降低,薄灑即可。寧願施予薄肥也不要過肥,觀音蓮對肥料的要求並不高,其最需要的反而是光照度,給予適當的光照讓它行使光合作用,比施予過多肥料更容易爆根長葉。雖適度施用肥料對觀音蓮並無大礙,但要是長期施以大量肥料,容易肥傷爛根。

悶養時避免光源太暗,否則容易造成觀音蓮徒長,植株弱小、生長遲緩不順。

根系沿著盆邊長且多開了一片葉子,這時可將觀音蓮移出悶養區,讓植株接受多一點光照射。

移出悶養區後,先置放於大株觀音蓮底下或植物群聚處,讓植株慢慢適應環境,再逐步觀察是否需要增加或減少光照度,找到其最適合的生長環境。

● 常看到初次悶養子球的朋友們在養出一、二條根系後,開心的取出拍照,或是當植株開了新葉,葉片呈半開狀態時會以手撥動新葉片,好奇新長出來的葉子型態。通常在動了根系或葉片後不久,那幾條好不容易長出來的根系有可能因此而爛根,塊莖也可能腐壞發臭軟腐,導致觀音蓮植株陣亡,或是新葉展葉不全有缺損破損痕跡。

有句諺語說:「好奇心殺死一隻貓。」急著做一件事往往事與願違,其實我們只需學著靜默觀察,靜待它們成長即可。

養出一、二條根系後,請勿開心的取出拍照,否則容易因此爛根。

植株長出呈現半開狀態的新葉,以手撥動新葉片有可能造成其生長完全後因此出現破損痕跡。

悶養

在講述悶養前，先簡單介紹華德箱（Wardian Case）。西元 1829 年，英國倫敦有位 Dr. Ward（華德醫生）無意間發現種植在密閉玻璃容器裡的植物可長時間存活，原因是在密閉的玻璃罐子裡，白天土壤中的水氣會蒸發，在玻璃壁上凝結為水氣，晚上蒸散作用降低，水氣冷卻後會再回到土壤中供給植物。由於光合作用的關係，植物依然能獲得氧氣呼吸，得以在一個穩定的生態循環裡存活下來。

華德箱本身是一個密閉空間，利用水氣冷凝與蒸發的水來維持瓶內的溼度，不須另外澆水，無論天氣好或壞，植物在密閉的玻璃瓶內可以安然生長，也可進行長途拔涉的運輸，將植物移動運輸到世界各地每個角落，因此，華德箱又稱為改變世界的容器。

在密閉的玻璃罐裡，白天時土壤裡的水氣蒸發，在玻璃上凝結成水，晚上蒸散作用降低，水氣冷卻再回到土壤中，供給植物。

在養殖觀音蓮時，若植株太小或不夠穩定，可給予高溼度環境，以悶養方式將空氣溼度拉高到將近 100%。高溼度環境能讓植株減緩因蒸散作用而由葉片所散失的水分，根系與葉片的狀態會在這段期間長得比較好。然而，悶養對觀音蓮而言也隱藏著某種程度的風險：

1. 染菌風險

當溼度太高，天氣過於悶熱的狀態下，水苔、器具若消毒的不夠仔細，或因為手的碰觸使得悶盒裡有許多菌類存在。不管是細菌、真菌或黴菌都可能因此大量繁殖，使得悶箱成為菌類的歡樂天堂。通常只要悶箱內長了青苔，就很容易伴隨著菌類大量繁殖，極易使植株爛根爛莖或葉片染菌，造成塊莖軟腐病的生成。

2. 徒長

悶養時若沒有給予足夠光線，且溼度太高水分過多，易使植株快速生長，拉長葉柄找光，讓植株產生徒長情況，這時植株會呈現較為脆弱的狀態。

1 植株染菌導致爛根、爛葉、爛莖。**2** 葉片染菌。**3** 植株太小或不夠穩定的觀音蓮，可將空氣溼度拉高到將近 100%，使植株減緩因蒸散作用而從葉片所散失的水分。**4** 光源不足，水分太多導致徒長。

悶養觀音蓮使用的工具大概有下列幾種：

1. 乾淨消毒過的有蓋透明杯子（最好杯蓋上有洞可以打開透氣）
2. 有蓋小悶盒
3. 有透氣孔的大悶盒
4. 透明夾鏈袋
5. 水苔加等量珍珠石（浸泡清洗並消毒過的水苔）

　　目前只要是不知名的子球、爛根爛莖並處理消毒過的塊莖，或是生長有問題需要養護重新長根長葉的植株，筆者會在處理乾淨後將其放入悶盒內悶養，然後每天打開觀察塊莖或子球是否有發霉腐爛長蟲的狀態。若有上述情況則取出再次處理乾淨，若是長出青苔，則清理乾淨後換上新水苔。

　　盒子內的塊莖若長出許多根系並長了葉子，則會取出另外單獨以悶杯悶養，以避免長期放置於低光源處，產生植株徒長問題，此舉也會讓根系生長得比較健全，不會與其他塊莖的根系纏繞在一起，徒增分株的困難。

1 只要是不知名的子球、爛莖、處理消毒過的塊莖，或是生長有問題需要養護重新長根長葉的植株，筆者通常會先處理乾淨後再放入悶盒內悶養。**2** 有孔、透氣大悶盒。（悶養小苗用）

悶養

換盆

觀音蓮在正常情況下，成長到一定程度時，就需要幫它們換新家。當種植過程中觀察到植株有以下現象時，就是換盆的適當時機點。

葉片已比盆口大很多。

葉子數量 3～5 葉以上。

塊莖逐漸突出土表，根系也長出介質表面。

使用塑膠盆養殖時，根系看起來已滿盆且占據整個盆器內部，或根系大多跑出盆外時。

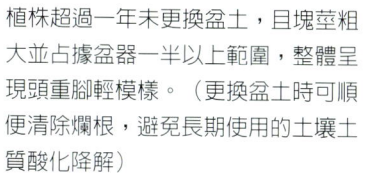

植株超過一年未更換盆土,且塊莖粗大並占據盆器一半以上範圍,整體呈現頭重腳輕模樣。(更換盆土時可順便清除爛根,避免長期使用的土壤土質酸化降解)

判斷植株有部分爛根需要清理。

準備工具

1. 比原本植株盆器大一號的盆(半透明盆、青山盆、不透光塑膠盆均可)
2. 盆器 1 / 5 高的中等顆粒發泡煉石
3. 配方土:依照觀音蓮植株大小、品種與本身養殖環境而定。
4. 肥料、吸管、1000cc 量杯
5. 淺水盤一個

換盆時間點

　　換盆時最好選擇盆土呈半乾狀態。春、夏、秋季時，請避開中午時段，也就是太陽直晒最熱，光照最強的時間點換盆。建議選在傍晚太陽剛下山不久，或清晨八點至十點間進行較涼爽。

　　晚間因為蒸散作用低，水氣較高且潮溼的關係，盡量避免在這個時段做換盆動作。此外，冬天若天氣溼冷，寒流來襲的前中後，請避免動盆、換盆。

換盆前的二至三天不澆水會比較好脫盆。換盆後澆水也不會因為舊盆土水氣太多，不確定是否要澆水。若換盆不換土，但原本介質很潮溼，那麼盡量先不澆水，以免增加爛根、悶根的機會。

┃換盆步驟┃

1 輕壓盆器邊緣擠出空氣，以鬆散盆土。

2 將淺水盤放置於桌面，傾斜盆器與植株後小心將其取出，並倒出盆土。

3 植株脫盆後置於淺水盤上。

4 檢查根系是否有腐爛。

5 將太小顆不成熟的子球留著。

6 挑選適合的介質後，在盆器 1／5 處放置中等顆粒發泡煉石墊底。

7 再鋪上一層介質。

8 將植株置放於盆器中央，然後沿著邊緣小心地放入介質。

換盆

9 勿埋太深，以免阻礙葉片成長。若葉柄太長、植株很大型時視情況給予支撐架，以免更換新介質時根系在鬆散的土裡無支撐力，造成傾斜倒伏。（可輕敲盆底以增加土壤與根系間的緊實度）

10 使用滴管取出 1cc 肥料。（使用前瓶身務必搖晃混合均勻）

11 加入 1000cc 清水調合為定根營養液。

12 反覆澆灌十次以上，將氧氣、養分及水分注入盆土內，再盆泡半小時定根。

13 取出時傾斜盆栽讓多餘水分流出，以避免太多水沉積在盆底，造成悶根的機會。

14 移動植株至陰涼處服盆，若隔天葉片有泌液，則代表根系正常發揮作用，有時服盆時間會長達一個禮拜左右才穩定。若一切沒有問題，則可將觀音蓮移回原本的位置。

NOTE
注意事項

● 換盆時，若發現根系非常多且盤根相當嚴重時，建議可適度修剪底下根系，再將觀音蓮換盆並使用新介質，以免根系因環境變動，太多的根系出現悶根爛根情況。適度修剪並澆灌殺菌藥，淘汰老舊根系對於植株而言反而是好的處理方式。

修剪前

修剪後

若發現根系非常多，並且盤根相當嚴重，建議適度修剪底下根系。

修剪根系後的樣子。

● 倘若介質使用不到一年，植株也無任何爛根疑慮，則盡量維持觀音蓮植株整體狀態，切勿抖動植株分離原本的介質，盡量以全盆完整脫盆為宜。接著維持原狀態一起放置於盆器中央，再沿著盆器邊緣補上新介質。

觀音蓮植株無任何爛根疑慮，則盡量維持植株整體狀態。

將植株完整置於盆器中央。　　　　　　再沿邊緣補上新介質。

● 若觀音蓮需要更換新介質，則輕抓葉柄與塊莖相連的根基部位，用手小心地把介質去除，若有根系相連卡住椰塊的部分，不要強行拉動，以免根系斷裂。若只有一小塊椰塊卡住，可將椰塊連同根系一起埋入新介質裡。

若觀音蓮需要更換新介質時，則輕抓葉柄與塊莖相連的根基部位，用手把介質小心去除。

● 更換介質時，檢查是否有爛掉的根系，尤其中央部位最容易出現爛根。若沒有去除爛根極易造成觀音蓮換盆後感染，增加根系無法呼吸的風險。有爛根的話可使用消毒過的剪刀修剪，勿徒手拔除，否則易在塊莖上拔出傷口，增加塊莖感染機率，導致腐爛。有爛根的狀態下更換盆土，會額外給予消毒殺菌液澆灌殺菌。

更換介質時，檢查是否有爛掉的根系，若有爛掉的根系務必去除。

●若有子球,可用剪刀剪下,參考子球孵育的章節,將子球另外孵育成新的植株。

若有子球,可剪下另外孵育。

●若有側芽,三葉以內的留著與母株一起成長,等長大後換盆時再行分株。

側芽。

三葉以內的留著與母株一起成長。

肥料

　　觀音蓮在成長過程中，大多使用人造的低養分介質，加上植株在遮罩環境下生長，容易因為缺光造成徒長問題，需要適時另外給予肥料養分，以促進植株更健康的成長。

　　目前坊間肥料非常多樣化，琳瑯滿目，讓人不知道該如何挑選。其實觀音蓮的肥料需求並不大，只要一點點，加上適度的光照與水分即可成長良好。一般來說，需要補充的肥料以氮肥、鉀肥為主，有時因為授粉的關係，會挑選磷肥多一點的肥料，以補充漿果成長時所需要的養分。

　　簡單來說，氮肥又稱葉肥，主要是促進莖葉生長；磷肥為花肥，可促進花朵及果實生長；鉀肥為根肥，可促進莖幹粗壯。除了氮、磷、鉀之外，偶爾還需要補充微量元素，如鈣、鎂肥，以增加觀音蓮植株抵抗力與促進光合作用效率。

氮肥（葉肥）

磷肥（花肥）

鉀肥（根肥）

市面上常見肥料大致分類如下：

1. 顆粒狀緩釋肥

比如市面上最常見的好康多或日本 101 顆粒肥，有茶包狀或單純顆粒裸包裝，裸包可使用肥料盒裝填，茶包狀已調配好比例，使用時將其放置於表土上，澆水時會緩慢釋放肥分，建議在每一季做更換，即可有效給肥。

2. 液態肥料

市面上液態肥料樣式眾多，目前筆者最常使用的肥料為興農（國產）的產品，像是神真水五號、善玉肥1號、善玉肥2號、沃斯鈣鎂等，以上幾種液態肥對於觀音蓮來說已足夠，興農也有實體店面可現場與商家討論使用方式及注意事項。此外，坊間的化學肥料 B1 也很方便，可於大賣場或網路購買。

3. 有機肥

大多使用日本產的三角肥，其為固態肥，因此澆水時即可釋放肥分。

以上是筆者經常使用的肥料商品，當然您也可挑選市面上喜歡的肥料，只要購買時注意成分、使用方式與使用量即可。

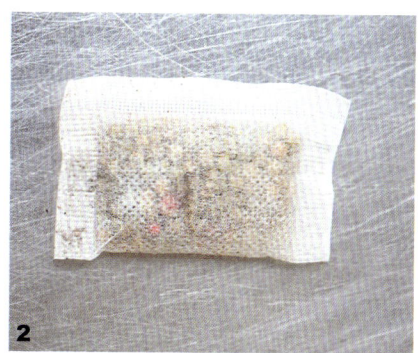

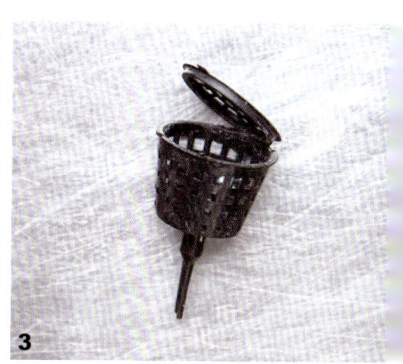

1 顆粒狀緩釋肥為筆者常用的肥料之一。**2** 使用不織布包裝緩釋肥。**3** 緩釋肥球體是塑膠製品，可使用肥料盒裝填以方便做替換。**4** 有機肥。**5** 興農的各種液態肥料。

NOTE
注意事項

● 挑選肥料時，若使用有機肥料，建議將肥料埋進土表裡，因為當有機質分解時容易出現小黑蟲（黑翅蕈蚋），徒增困擾。

● 若使用茶包或顆粒狀裸裝緩釋肥，建議每一季（三個月）更換一次，在每次澆水時，適時幫忙補充肥料養分。若有使用緩釋肥的情況下，建議不要經常進行高濃度液態肥料的澆灌，以避免過度使用肥料，產生肥傷問題。有時觀音蓮會爛根，並非給太多水造成，而是肥料使用不當所造成的肥傷。

● 使用肥料時，務必依照外包裝上的標示正確給予比例，1：1000 為 1cc 液態肥料搭配 1000cc 的清水。

● 使用液態肥料時，可於清晨噴灑在觀音蓮葉片上。因白天在光照下植物會行使光合作用，葉背氣孔於此時開啟，使用噴灑葉背給肥的方式（水霧越細緻越好），會比澆灌更能讓觀音蓮快速吸收肥分。

若使用有機肥料，容易造成蟲蟲飛舞的問題。

使用時可將有機肥料埋進土裡，以減少小黑蟲紛飛的困擾。

若使用茶包或顆粒狀裸裝緩釋肥，盡量不要太常追加高濃度液態肥料，以避免過度使用肥料，產生肥傷問題。

使用肥料時比例務必正確，寧願給予淡薄的肥分，也不要多給或重複施肥。

● 葉噴肥料時，需避開中午（春、夏、秋炎熱時）與夜晚兩個時段。中午時段若葉噴肥料，容易因為陽光過於強烈，蒸散作用快速，加上陽光直射或折射，致使噴灑在葉片上的水霧堆積為水滴，造成葉片不可逆的晒傷，或是因為水分快速蒸發導致肥分被濃縮，使葉片肥傷。夜晚觀音蓮氣孔關閉，蒸散作用降低，若此時進行葉噴，會使水霧堆積在葉片上，使葉片呈現潮溼狀態，增加染菌機率。

● 勿將固態肥料溶於水後用來葉噴觀音蓮，因其比例並不是用於葉噴，效果易打折，且造成肥傷問題。

● 觀音蓮施肥時，建議間隔一個禮拜到十天左右施用一次，若間隔時間過短容易導致肥傷。

● 太小的觀音蓮植株不適合給予肥料，因為根系尚無法吸收肥分，容易造成植株爛根死亡。

白天觀音蓮氣孔打開，可將肥料稀釋後噴灑於葉背，以利吸收。

避開夏日中午時段葉噴，以免葉片因為水氣與陽光折射而晒傷。

盡量避免夜間葉噴，以免葉片過於潮溼，容易染菌。

固態肥料本身比例不適用於葉噴，效果易打折。

● 使用液態肥料前，務必搖晃混合均勻，接著以乾淨的滴管式吸管吸取正確比例後與水混合再施用。再次強調，寧願薄施肥也不要施重肥。若以噴灑方式給予葉肥，在均勻噴灑一次後，不可再重複施予，以免造成觀音蓮肥傷。

● 液態肥料只要稀釋後，請於當日使用完畢，不可放置於隔日後再繼續噴灑使用，以免變質腐敗影響植株生長。

● 使用半透明盆器養殖觀音蓮時，若發現盆緣有機質太多，產生類似青苔狀的堆積物卡在盆器上，這時可斟酌暫停施予肥料，以免造成盆器邊緣因為肥分加上光合作用，長出更多青苔。建議這時可適時清洗換盆後，再於適合的時間點給予肥料。

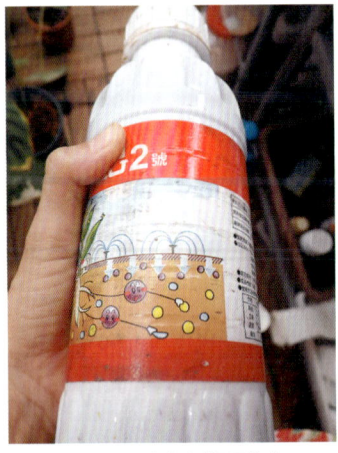

使用肥料時，請務必搖晃均勻。

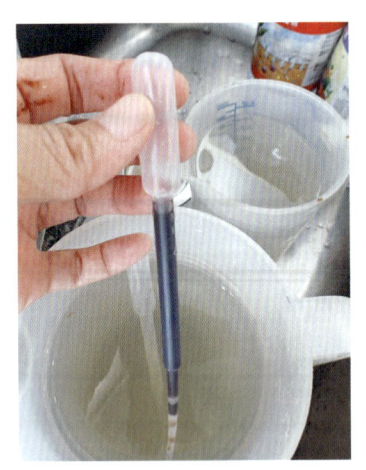

以滴管式吸管吸取正確比例的液態肥料，再與水混合後施用。

液態肥料只要稀釋後，請於當日使用完畢。

若發現盆緣有機質太多，可暫時不施予肥料，以免施肥同時也幫青苔施肥。

COLUMN
肥傷

觀音蓮肥傷時可從葉片上觀察出徵兆,或是它會直接爛根,出現葉片枯萎的狀態。
一般來說,肥傷的原因有下列幾種情況:
1. 施肥過量。(沒有依照正確比例施用或重複施肥)
2. 長期施用肥料造成介質降解、土壤鹽化,根部在難以吸收水分情況下導致爛根。

若不慎發生肥傷時,可採下列兩種方式作為補救:
1. 立刻大量澆水,讓水分帶走過多的肥料。
但也可能因為水分過多,堆積在土壤裡,在根系原本已有受傷情況下造成悶根。此時介質務必非常疏水,以避免悶根增加爛根的機會。

2. 直接換掉吸滿肥料的介質,這會比大量給水更快速且有效率。
但根系可能早就已經受傷,建議在換盆時一併去除爛掉的根,留下完好的根系,給予滅菌的消毒液澆灌處理。換好新介質後,先讓植株休養,暫時不給予任何肥料,以免根系本來就因受傷不太吸收水分、養分,結果因為再次給肥而加速潰爛。

葉片上出現的點點傷痕,乃是因為氣孔受到葉噴肥料濃度過高所導致的肥傷。

植株葉片因為施肥過度造成肥傷。

施肥過多造成肥傷時，立刻大量澆水，讓水分帶走過多的肥料。

肥傷時也可直接換掉介質，會比大量給水更快速且有效率。

肥傷造成觀音蓮爛根。

若在肥傷爛根時換掉介質，植株剩下極少完整的根系，這時建議將植株的爛根清除整理後，以水苔重新敷根，此處理方式比起繼續使用一般介質土壤會更快速長出健康根系。倘若根系一半以上健康良好，去除爛掉的根系後，幫觀音蓮換上新的介質並澆灌消毒液與菌根菌後繼續孵育。

重新換盆後的植株，將其放置於陰涼散射光源處服盆。記得後續以見乾見溼的方式給水，要時常幫葉片噴霧以保持溼度，防止植株葉片枯萎。大約兩個禮拜左右，更換為新介質的根系會開始正常發展，此時再適度移動盆栽，給予適合的光照環境。

要是觀音蓮爛根情況非常嚴重，可適度修剪並拔除枯萎黃化的葉片，只保留幾片完整的葉子。若留下已出問題的葉片，很常發現此觀音蓮會有幾個月呈現停滯不生長的狀態，因此建議只保留一到兩片新葉，讓養分只供應給完好的葉片，加速植株恢復速度。另外，可幫觀音蓮植株包覆夾鏈袋以保持環境溼度在80%以上，避免因為蒸散作用太快而發生葉片枯萎情形。

再次強調，市售肥料款式非常多，您可依照個人需求挑選使用，但務必依照包裝上所標示的比例施用，若給予過多只會得到肥傷，還不如僅提供足夠的陽光就好。

若爛根情況非常嚴重，可適度修剪拔除枯萎黃化的葉片，僅保留一、兩片完整的葉片，並包覆夾鏈袋以讓環境溼度維持在80%以上。

當觀音蓮剩下極少完整的根系時，建議將植株爛根清除後以水苔重新敷根，此舉會比繼續使用一般介質土壤更快長出健康根系。（此圖為重新敷根後長出的根系狀態）

病蟲害與防治

養殖觀音蓮時，常會在葉片、土壤或根系上觀察到蟲跡，而最常見到的蟲害就是葉蟎，又稱為「紅蜘蛛」。只要一個不小心，觀音蓮的葉面就會被啃咬，而除了葉蟎外，偶爾也會出現介殼蟲或薊馬的蹤跡，若不及時處理，輕則葉片毀損，重則整株觀音蓮死亡。截至目前為止，筆者的觀音蓮最常被葉蟎侵襲，粉介殼蟲倒是很少，至於薊馬則尚未遇見。

1 當植物被葉蟎纏身後，葉子上會布滿紅色點點小蟲，若數量太多，葉片則會布滿細小蜘蛛絲。**2** 白白的部分為葉蟎啃咬過後之痕跡。

[葉蟎]

平日養護時，偶爾會於觀音蓮葉背上發現類似蜘蛛網狀的蟲網，若以紙巾擦拭葉背，紙巾上會沾染紅色汁液，葉片也會因被葉蟎啃咬後布滿了點點咬痕。若被啃咬得太嚴重，觀音蓮葉片會因為被咬處缺少葉綠素，無法行使光合作用，進而影響根系正常運作。

葉蟎喜歡乾燥且悶熱的環境，只要養殖觀音蓮的環境太熱、太乾燥，通常就會出現葉蟎小小的身影。

觀音蓮葉片被葉蟎啃咬過的損傷是不可逆的，若葉傷嚴重至幾乎已無法行光合作用，建議直接修剪掉，以免影響根系發展，造成觀音蓮爛根。

1-2 只要養殖觀音蓮的環境過於悶熱、乾燥，通常就會出現葉蟎小小的身影，葉片也因被葉蟎啃咬後，布滿了點點咬痕。**3-4** 觀音蓮被葉蟎啃咬過後，葉片逐漸枯萎黃化的樣子。

防治葉蟎的方式：

1. 農藥

　　使用農藥為最快速且有效的防治葉蟎方式，可至農藥行購入藥物，並依照包裝上指示比例，均勻噴灑於觀音蓮植株葉面、葉背與種植環境。可兩種藥物交替使用，以預防葉蟎對藥物產生抗藥性。

　　使用時務必戴好口罩、手套與眼鏡，並全身包裹衣物做好防護，在噴灑完農藥後必須全身清洗乾淨，以免農藥對身體造成危害。

2. 葵無露

　　原理為利用油脂包覆害蟲的呼吸道以悶死成蟲，製作方式為取 90ml 葵花油及 10ml 洗碗精，倒入瓶子內充分混合，使用時取 1cc 加入 500cc 的水（1：500）稀釋，混合均勻後葉噴葉子正面、背面與環境。

　　由於油類物質容易阻塞氣孔，陽光曝晒下易折射水珠使葉面晒傷，因此噴灑時盡量挑選傍晚太陽下山時段施用，噴霧量越細緻越好。

3. 苦楝油

　　原理、使用方式與葵無露相同，皆為利用油脂悶死成蟲。葉蟎的一個世代約四至五日，牠們會隨氣流飄散，因此時常在葉噴完沒幾天又會再度出現。建議每隔四至五天重複噴藥，直到蟲跡消失為止。

使用農藥時，請依照包裝上指示比例施用。建議兩種藥物交替使用，以防葉蟎對藥物產生抗藥性。

噴灑苦楝油時盡量選擇傍晚太陽下山時段施用，噴霧量越細緻越好。

4. 生物防治法

以自然生態角度而言，草蛉蟲為葉蟎的天敵。筆者曾購買草蛉蟲防治葉蟎，但因草蛉蟲會移動且極容易死亡，再加上環境須完全無農藥殘留，才能讓草蛉蟲好好待著幫忙剷除葉蟎，因此需要時常添購。

5. 物理防治法

為目前最常使用的防治方式，由於葉蟎討厭高溼度環境，因此可使用加溼器、自動噴霧系統與植物群聚產生的微氣候環境，將溼度提高到 70% 至 90%（室內陽臺可達 90%），並時常檢查葉背與葉面，以水洗擦拭葉片，適度減少葉蟎蹤跡。

植物與昆蟲彼此互相依存，若有昆蟲出現，表示這裡的環境很適合植物與昆蟲生存。若能以友善的防治方式對待昆蟲，也可減少用藥汙染環境的情況發生，對人類、動物、植物與生物，未必不是一件壞事。

TIPS

筆者發現在養殖觀音蓮的區域若有黑珊瑚或法老王等水芋類植物，比起觀音蓮，葉蟎更喜歡啃咬水芋類，因此觀音蓮上的葉蟎數量反而會減少。然而萬不可只養水芋類而不做任何防治措施，否則葉蟎仍會大量繁殖並啃咬觀音蓮。

生物防治法
草蛉蟲為葉蟎的天敵，可購買草蛉蟲來防治葉蟎。

病蟲害與防治

1 物理防治法：以加溼器製造高溼度環境，加上植物群聚以產生微氣候。

2-3 比起觀音蓮，葉蟎更喜歡啃咬水芋類，若有水芋在附近，觀音蓮上的葉蟎數量反而會減少。

[粉介殼蟲]

當種植環境出現螞蟻窩時，很容易伴隨著介殼蟲出現。粉介殼蟲是由螞蟻搬運而來，牠們會吸取植物汁液產生蜜露，以引誘螞蟻前來食用。螞蟻為了蜜露會保護介殼蟲，驅趕前來攻擊介殼蟲的天敵，像是瓢蟲、草蛉蟲等益蟲，同時以搬運方式幫助其遷徙、移動，這情況類似生態裡的互利共生模式（取食共生物種）。

粉介殼蟲通常會出現在盆內根系上，以刺吸式口器刺穿植株根毛或根尖以吸取植株汁液，造成植株葉片黃化捲曲，植株因而爛根壞死，甚至死亡。由於根系藏在盆土內，很難在一開始感染時發現，通常都是當植株出現問題，打開盆土後才會發現根系上滿是白白粉末狀物體。

當粉介殼蟲出現，會快速傳染給其他植株，若根系因此腐爛，建議全部切除，重新更換介質孵育根系，土也必須全數換新，洗淨盆器並消毒乾淨，以免傳染給其他植株。

若在初期發現感染根粉介殼蟲，可使用興農賽速安以 1：1000 稀釋澆灌，或平時置放一點點賽速安於盆栽表土，澆水時即可做防治。另外，由於螞蟻會協助根粉介殼蟲傳播，因此防治螞蟻也可降低根粉介殼蟲的擴散程度。

病蟲害與防治

介殼蟲通常會出現在盆內根系上，以刺吸式口器刺穿植株根毛或根尖，吸取植株汁液，造成植物葉片黃化捲曲，植株因根系壞死導致死亡。

發現粉介殼蟲時，可使用興農賽速安以 1：1000 比例稀釋澆灌，或平時置放一點點賽速安於盆栽表土，澆灌時即可做基礎防治。

NOTE
注意事項

- 若觀音蓮植株的葉片越薄、有皺褶凹陷，或者是葉片上有毛的植株型態，就容易受到葉蟎侵害。
- 時常擦拭並檢查觀音蓮葉緣或葉背，噴水霧時也可留意水氣噴灑時是否出現蜘蛛絲狀物的痕跡。
- 油類、非油類與農藥所使用的吸管、噴霧瓶務必個別獨立使用，以免混用時因吸管或瓶子未清洗乾淨，殘留藥劑，影響觀音蓮生長。尤其是油性物質更要小心謹慎，避免增加油類物質阻塞觀音蓮氣孔的機率。
- 有時會在露臺發現跳蛛蹤影，不少對紅蜘蛛不熟悉的人會以為跳蛛就是葉蟎（紅蜘蛛），其實葉蟎相當細小，必須以放大倍率的攝影器材才能看清全貌，跳蛛則為肉眼可見的蜘蛛，屬於環境裡的益蟲。

時常擦拭並檢查觀音蓮葉緣或葉子背面，噴水霧時也可注意水氣噴灑時，是否出現蜘蛛絲狀物的痕跡。

若葉片越薄、有皺褶凹陷，或葉片上有毛的觀音蓮，都很容易受到葉蟎侵害。

油類、非油類與農藥使用的吸管、噴霧瓶務必個別分開，切勿混用。

以下這些種類很常出現葉蟎的蹤跡,因此平時養護時,務必多留意這些種類的葉背或皺褶處是否躲藏著葉蟎。

魟魚觀音蓮
葉緣呈大波浪狀,葉片薄。

菩提觀音蓮
葉緣呈大波浪狀,葉片薄。

薩利安觀音蓮
葉緣呈波浪狀。

絨葉觀音蓮
葉緣呈波浪狀。

小仙女觀音蓮
葉緣呈波浪狀。

大仙女觀音蓮
葉緣呈波浪狀,葉背呈紫色不易察覺。

諾比觀音蓮
葉緣呈波浪狀。

傑克林觀音蓮
葉面有毛,具波浪葉,葉蟎容易藏在葉背不易察覺。

爛根原因與救援方式

每當季節轉換，太陽折射角度改變時，尤其是春轉夏、夏轉秋，八、九月交替的季節，秋老虎發威，時常在早晨感受到天氣涼爽，但到中午時，卻出現炙熱大太陽曝晒的情況。一到夜晚，溫度又開始像溜滑梯似的一路下滑。由於日夜溫差大，經常苦惱於澆水與否，也容易一個不小心多給或少給了水，導致在這季節交替變化的日子出現爛根而忙著搶救的窘境。

想必多數養殖觀音蓮的朋友們都歷經過這樣的陣痛期，或多或少產生些許挫敗感，但其實觀音蓮並不是無緣無故就爛根，一切皆有跡可循。

[爛根原因]

狀況一
太愛澆水，總以為盆土已缺水，但其實盆內依然潮溼，這時繼續給水容易造成根系悶住而爛根。

狀況二
懼怕爛根而較少給水，導致介質乾透，根系因缺水而無法呼吸。

狀況三
植株染菌。

狀況四

養殖過程中所使用的介質不夠疏水,或是使用不適合自身環境的介質,比如農場購買的植株通常使用便宜的田土,當購買回家後沒有更換為更疏水與適合自身環境的介質。

狀況五

使用過大盆器,出現盆器表土乾燥,但盆內依然潮溼,造成根系悶熱。

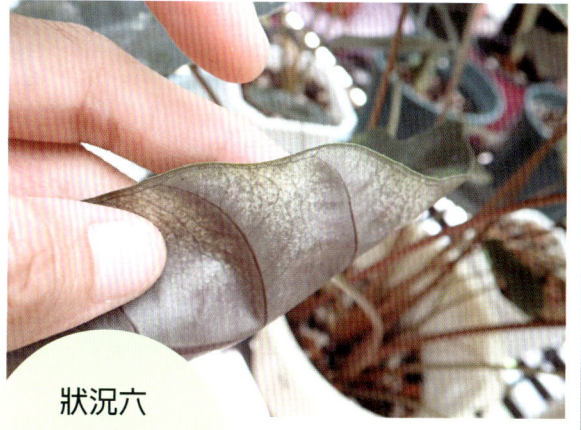

狀況六

發生葉蟎或根粉介殼蟲啃咬葉片等蟲害問題。

狀況七

植株本身體質不好,因此養殖過程中容易發生不斷爛根的情形,有些植株一年四季都在爛根,只長塊莖而無法長超過兩片葉子,生長遲緩,一年後依然只有兩片小小葉子交替。

爛根原因與救援方式

觀音蓮養久了，對於植株是否爛根的敏感度也會跟著提升不少，總可以很輕易地感受到今日與昨日有何不同，那麼可從哪些蛛絲馬跡來判斷觀音蓮是否爛根了呢？

線索一
當發現大部分的葉片開始黃化，葉柄下垂。

線索二
非最老的葉子其葉片有點軟爛感。

線索三
盆外根系看起來呈咖啡黃色且出現軟爛樣，這通常會伴隨葉子有些問題。

爛根原因與救援方式

線索四
一直不長新葉，好長一段時間只有一片葉子，葉子邊緣也可能伴隨葉尖焦黃問題。

線索五
長一片葉子就會耗掉另一片葉子。（偶爾伴隨表土長出小小子球）

線索六
所有葉片的葉柄感覺有點垂。（也可能是缺水導致）

爛根原因與救援方式

　　以上這些情況，只要不是因為老葉正常代謝而凋落，一律往根系出問題上找原因。當打開盆土翻看植株根系狀態，幾乎都可發現爛根的狀況，輕則爛一、兩條根，簡單清除即可，比較嚴重的狀況則是根系完全腐爛殆盡。

　　夏日時期，若不及時處理爛根問題，盆內會因為悶、溼、熱造成細菌大量繁殖，產生腐敗問題，很快地連同塊莖一起腐爛，因此當發現爛根就得盡快用藥處理，以免植株快速腐爛死亡。

　　而冬天低溫狀態，若溫度低於 15°C 以下則可能導致寒害，根系無作用且葉片呈倒伏狀，此時可適度剪除黃化倒伏的葉片，並給予除菌藥物澆灌，以讓腐爛的根系自然分解。這段期間照冬天正常的方式給水，待冬天過後不再寒冷，春暖花開時節再挖出換新土重新養殖。

NOTE
注意事項

● 若只是葉尖葉緣焦枯，每一片都有葉緣葉尖黃化問題，觀音蓮其他部分看起來均正常，大多是因為光照太強，環境不夠通風的緣故，有時移動植株生長環境改變光照度可適度改善。有時是因為給太多水，只要減少給水量，也可適度改善葉尖葉緣黃化問題，不全然是爛根所造成。

● 要判斷爛根，重要的還是時常觀察觀音蓮植株和平常有何不同，感受植株有什麼需要你幫忙的地方。一旦察覺任何問題，不要期待植株會自己好轉，若不及時處理，很可能再晚幾天，情況會越來越糟，甚至植株莖腐死亡。過去筆者就曾感覺某株觀音蓮好像哪裡怪怪的，但心裡想著再觀察看看，或許過兩天會變好，沒想到每次只要放著不管，有些觀音蓮就會在兩、三天內直接軟腐斷頭，連搶救消毒塊莖的機會也沒有。

葉尖葉緣焦枯，有可能是光照太強、給太多水，只要改變光照與給水方式即可適度改善，不一定是爛根引起。

老葉葉片完全黃化凋謝的模樣。

剛種植觀音蓮時最常焦慮為何葉子突然黃化，只要是最老的一葉出現黃化現象，但其他葉片未出現問題時，乃屬正常代謝現象。

爛根若沒處理好，最後爛塊莖則必須清創。

[救援方式]

1. 部分爛根處理方式

　　小心清除爛根處，若有連在塊莖上的爛根並未完全腐爛，切勿用手強行拆除，此舉容易使觀音蓮植株塊莖產生傷口，增加細菌、黴菌感染的機率。這時建議以消毒過的剪刀修剪，留下完好的根系。若有子球，則摘除成熟子球另外孵育，不成熟的繼續留著給母株。若有耗葉則適度摘除，只留下正常的葉片，並且幫觀音蓮植株更換適合的介質。若葉柄太長、葉片因太重而倒伏，則提供支撐架給予支撐，接著給水澆灌後放置陰涼處服盆。

| 處置步驟 |

1 觀音蓮脫盆後確認有部分爛根。

2 小心清除爛根處，若有連在塊莖上的爛根未完全腐爛，切勿用手強行拆除，只需用消毒過後的剪刀剪除。

3 若有耗葉則適度摘除，只留下完好的葉片或新葉。

4 更換適合的介質，澆水後放置陰涼處服盆。

爛根原因與救援方式

2. 完全爛根處理方式

　　小心清除所有爛根，不要在塊莖與根系連接處製造傷口，並注意塊莖上與根相連處是否有傷口感染的狀態。若無感染，用清水將塊莖清洗乾淨，並檢查葉片狀態。如果是新葉沒有任何耗損，則留下新葉後去除其他葉片。若葉子已全部耗損且變黃或委靡，則剪除所有葉片。修剪時注意不要剪到底，在葉柄處會有一小區很明顯的區塊，此為下一片葉子即將在該處生長的痕跡，沒意外的話新葉會由此處開展，若全部剪除，敷根成功後重新生長的葉片縮水機率非常高。

| 處置步驟 |

1 清除爛根後用清水沖洗，檢查是否有感染。

2 若無感染則去除已毀損的葉片，新葉若完好則留下。

3 若葉子已委靡呈黃葉狀，葉片可全剪除。

4 修剪時保留葉柄此處以下部位，此為下片新葉即將生長的地方，若整段葉柄剪除到底，以後長出的新葉會縮水很多。

爛根原因與救援方式

完全爛根的敷根救援（無爛塊莖狀態）

處理完爛根後，接下來就是最重要的敷根。

敷根所需工具

1. 消毒乾淨的水苔一份
2. 珍珠石一份
3. 透明盆一個
4. 全透光夾鏈袋
5. 剪刀（已消毒）
6. 牌卡與奇異筆

| 處置步驟 |

1 將清洗並消毒過後的水苔加上珍珠石混合，接著取出水苔捏乾水分至不滴水狀態（有水氣卻不過於潮溼），然後用剪刀將水苔剪碎。將水苔、珍珠石包覆塊莖後放入透明容器內。

2 牌卡上註明植株名稱與日期後放入盆內邊緣。

3 用透明夾鏈袋密封後放置於低光源處等待根系生長。

4 悶養過程中，每天觀察袋內根系發展，若有保留葉子，觀察葉子狀態。若一直沒往外長出根系，開袋聞聞看是否有腐臭味，還是正常的水草味。若一切正常，則繼續悶到出根。

5 若有腐臭味，則將塊莖夾出，查看塊莖外觀是否有腐爛狀態，有腐爛則要清創並消毒後重新敷根。

爛根原因與救援方式

NOTE 注意事項

- 只要長出根系，切勿隨意取出拍照，因為在根系脆弱的狀態下，隨意取出很可能會傷害根毛，原本孵育出的根也可能因環境變動而爛光。

3. 塊莖腐爛救援方式

在清創爛根時，發現塊莖有腐敗、軟爛情況，就得使用藥物處理，若放任不管就會加速腐爛甚至長出小蟲，並由塊莖內部開始腐爛敗壞，最後植株化為烏有。在處理腐爛的觀音蓮塊莖時，削切處碰觸到皮膚會產生搔癢感，使用藥物時也會有傷害身體健康的疑慮，因此建議處理過程中務必戴上手套操作。

所需工具

1. 消毒過的刀片
2. 殺菌藥。可至農藥行購買撲殺細菌與黴菌的兩種不同藥品，或使用 6% 漂白水（次氯酸鈉）1cc 調配 50cc 清水，此可殺死細菌、真菌及病毒。
3. 1000cc 量杯
4. 消毒滅菌過的水苔
5. 珍珠石
6. 悶盒

| 處置步驟 |

1. 拿刀削去潰爛處後,用清水仔細沖洗,務必要完全乾淨。

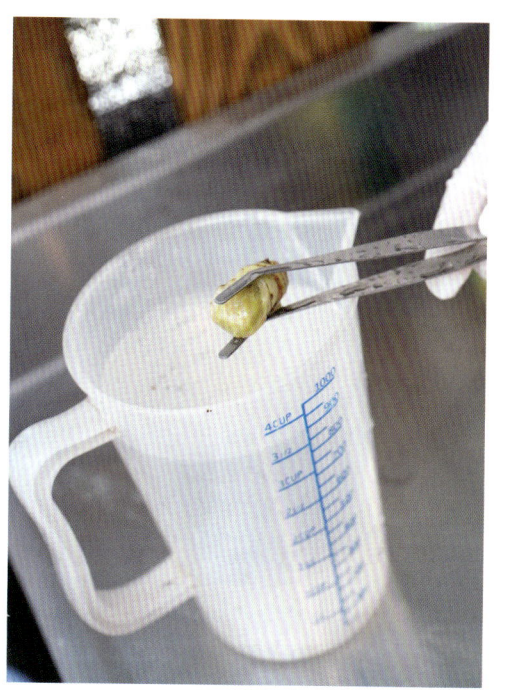

2. 將塊莖泡入消毒液裡,時間視大小顆而定,太小顆則減少浸泡時間,以避免塊莖失去活性。通常小顆的觀音蓮會浸泡 15 分鐘,大顆則約 30 分鐘。

3. 浸泡消毒後取出塊莖,切勿塗抹任何生根粉或傷口癒合劑。因觀音蓮為海芋屬植物,沾取生根粉或癒合劑只會加速塊莖腐爛。

4. 接著將塊莖放置於已鋪設水苔與珍珠石的悶盒裡,傷口朝上,以不碰觸水苔為宜。

爛根原因與救援方式

5 最後放入夾鏈袋內密封,並置於陰涼低光源處,等待發根發葉。

爛根原因與救援方式

NOTE
注意事項

- 每日觀察是否有繼續腐敗或長小蟲子啃咬的情況。若傷口有組織液滲出,不要移動塊莖。
  若水苔發霉,可使用根線清以 1:1000 加水稀釋,接著噴三下殺菌(不可多噴,免得水苔太潮溼),或更換新水苔。

- 若未再出現腐敗現象,就是等待生根發葉,此過程可能會長達一至三個月不等。

- 若繼續腐敗,則取出後重複上述步驟。有時腐敗情況會發展迅速,可能一、兩天就完全軟腐。若完全軟腐發臭則表示救援失敗,這種情況非常容易發生在觀音蓮身上。

COLUMN
為什麼觀音蓮容易葉尖葉緣焦枯

觀音蓮的葉背有許多氣孔，氣孔是水分蒸散的主要途徑。植物的根部透過根壓作用，將水往上輸送至葉片，葉片上的氣孔在白天時會打開讓多餘水分蒸散出去，並吸收二氧化碳，以讓葉綠體進行光合作用，將二氧化碳及水轉換為葡萄糖、釋放出氧氣。到了夜晚因植物無法行光合作用，則會關閉部分氣孔，以減少水分散失。然而當介質的含水量高，且處於低溫高溼度的環境下，由於蒸散作用降低，根壓作用依然持續進行，植物體為了排出多餘水分，便會透過泌液作用將水從葉尖或葉緣排出。其實該現象也能作為是否需要澆水的依據。當出現泌液現象時若還依舊持續給水，那麼就很有可能會導致觀音蓮出現爛根。

白天陽光照射

光合作用

①根部透過根壓作用，將水往上輸送至葉片。

②葉片上的氣孔在白天時會打開讓多餘水分蒸散出去，並吸收二氧化碳，以讓葉綠體進行光合作用，將二氧化碳及水轉換為葡萄糖、釋放出氧氣。

夜晚無光合作用

呼吸作用

到了夜晚因植物無法行光合作用，則會關閉部分氣孔，以減少水分散失。

當觀音蓮根系吸收太多水分時，就容易出現泌液現象。

此圖為嚴重焦葉尖，並伴隨葉片葉緣焦枯。

造成觀音蓮焦葉尖問題，主要與蒸氣壓差有關（Vapor Pressure Deficit，VPD）。蒸氣壓差是指當下環境溫度的空氣水蒸氣含量相較於飽和水蒸氣壓之間的差異。由於蒸散作用可帶動水分、養分的運輸，因此在適當的蒸氣壓差下，植物可正常吸收水分與養分。但若是蒸氣壓差過低，那麼就表示空氣溼度足夠，植物體會減少蒸散作用的進行，進而減少了水分與養分的吸收。然而要是蒸氣壓差過高，對植物來說也不是一件好事，像是天氣太熱又太乾，植物體內的水分散失過快，這時植物會關閉氣孔以減少蒸散作用及光合作用。當植物體關閉氣孔時，連帶地就會降低蒸散作用的進行，在高溫、通風性不佳且蒸散作用不旺盛情況下影響鈣的流動，這時就容易發生葉尖葉緣焦枯現象。

光照太強且無過濾的光，會使氣孔關閉，停止呼吸作用。

太熱、太乾燥，水分蒸發得太快，氣孔會直接關閉，造成焦葉尖情況。

夜晚氣溫下降水氣凝結，根壓作用持續進行，但無光合作用，氣孔無法打開，只好由葉緣、葉尖排出水分。

因此，為避免葉尖葉緣焦枯的情況發生，我們必須布置出一個最適合植物生長的環境。首先，將觀音蓮放置在通風不悶熱的室外空間，當自然光線太強時，需適度使用遮陽網，避免直曬，並給予加溼器與噴霧器增加空氣溼度，若是在室內陽臺除了可打開窗戶製造更通風的環境外，也可配置循環扇及加溼器。

移動植株到通風不悶熱的環境，並給予適度的黑網遮罩。

使用循環扇以製造環境通風度。

使用加溼器以降低環境溫度與增加空氣溼度。

冬天減少澆水，避免盆土太溼；若天氣太冷也可收進室內環境以躲避寒害。

NOTE
注意事項

● 有些觀音蓮在接受到大量光線時，很容易出現焦葉尖的情況，此時適度移動植株到較低光照的環境，等植株逐漸長大，新葉片可接受更多光線後，再將植株移動到高光照環境，可適度改善焦葉尖問題。比如窄版傑克林（*Alocasia sabrina*）或老虎觀音蓮（*Alocasia trigina*）這類葉片比較薄的觀音蓮，就算養在通風環境裡，環境太乾燥或是光照強度太強，都非常容易出現焦葉尖。

另外，葉片較厚的觀音蓮，如瑞基觀音蓮（*Alocasia reginae*）喜歡低光照、溼度高並且通風涼爽的環境，若是光線太強、溼度太低且環境不通風，它也非常容易焦葉尖、葉緣潰爛。

傑克林觀音蓮嚴重焦葉尖。

老虎觀音蓮焦葉尖。

窄版傑克林葉片非常薄，也很容易焦葉尖。

● 焦葉尖時,盡量不要修剪焦黃部分,因修剪過後葉片出現傷口,易使焦黃的部分越來越嚴重,造成反效果。

● 為減少焦葉尖發生,可適度移動植株位置,給予一點光線,一些水,盆土不要悶溼熱外並且減少給肥,透過改善養護環境,靜待新葉開展。

● 觀音蓮盡量不要養在睡覺的房間,尤其是植株量龐大時,因為白天植物行光合作用會製造氧氣,但到了晚上無光時則會吸收氧氣,製造二氧化碳。

凝桑德觀音蓮葉片薄,很容易出現焦葉尖問題。

觀音蓮的焦葉尖只要修整剪除,很容易染菌,導致葉緣潰爛。

遇到焦葉尖狀況,建議不修剪為主,適度移動植株位置,透過改善環境,靜待新葉開展。

COLUMN
觀音蓮開花

觀音蓮成長到一個時間點，便有可能開始長出花苞，有花苞開花代表植株成熟度夠，才有能力開花結果。

過去會因為擔心養分都給了花，造成葉子失去養分、部分葉片枯萎、新葉越開越小片，而選擇在確定是花朵的當下將其剪除。但這種處置方式並不會改善觀音蓮植株葉片變小與持續開花的問題。在將花朵剪除後，依然繼續開出好幾朵花，剪了又長，長了就剪，接著葉子會開始枯萎耗損，當養分耗盡，最後觀音蓮也因此爛根，得重新孵育，最嚴重的程度就是植株腐化死亡。

觀音蓮花苞開啓的樣子。

觀音蓮開花模樣。

觀音蓮開花時，很容易被誤認為即將開葉。

黑絲絨觀音蓮長出的花苞模樣。

在自然界，植物開花不就是為了繁衍，當植株成熟，當然希望藉由開花繁殖生育後代，但人類的思維總以自己為優先，希望它不要開花以免葉片變醜，因此換個角度思考，何不順應大自然與觀音蓮原本的生命節奏運行。觀音蓮花開時，會出現一股類似人參的香味，也有人說花開會出現臭味，但其實每種觀音蓮開花時的味道不盡相同，花香濃度也不同。

雄花

雌花

當觀音蓮開花時有以下二種處理方式：

1. 育種

觀音蓮的人工育種過程無比艱難，很難由人工培育新品種，因為育種過程必須一直觀察植株是否適合成為育種的母株，在取得漿果前得忍耐二至三個月時間，而植株嚴重焦葉是常有的事。當環境有變動，也可能讓生長出的漿果提早落果。待取得漿果果實，整株觀音蓮葉片已嚴重焦黃，植株早已耗盡養分，得全株重新馴養，因此大多數人最後都放棄育種。

2. 放任花朵綻放

依照植物與自然的規律，讓它開花。當花序完整開完後剪除花苞，就會開始長出正常的新葉。雖然大部分開完後的第一片葉子都會有明顯變小的現象，但這時可適時補充肥料，在幾次開花後，只要觀音蓮植株成熟度夠，跳亞成植株（巨大成熟葉片）的機率非常高。因此建議參照此作法讓花序完全綻放後再剪除，相信是目前對待觀音蓮開花最好的處理方式。

觀音蓮人工育種。　　　　　　　　　　人工育種取得果實。

觀音蓮人工育種授粉。　　　　　　　　花序完整開完後，立刻剪除以免消耗植株養分。

TIPS

若有開花但不人工育種，可額外幫觀音蓮補充肥料，以氮、鉀肥為主，以促進根莖葉與塊莖生長。若有需要育種的情況下，可多給點磷肥（花肥），補充其成長為漿果時需要的養分。

觀音蓮開花後肉眼可見的雄花粉。

野外的姑婆芋，經過芋小蠅幫忙授粉後，結出紅色果實。

植物開花時會分泌乙烯，乙烯為催熟物質，往往一株開花，另一株過陣子也可能開花。

> 植株養護筆記

Note1　跟著節氣過日子

　　一年裡，有春、夏、秋、冬四個季節交替，《荀子·王制》裡說：「春耕、夏耘、秋收、冬藏，四者不失時，故五穀不絕，而百姓有餘食也。」意思就是：春天耕耘，夏天生長，秋天收穫，冬天儲藏。

　　這是一般普羅大眾對於四季的認知。但若再細分，則可根據太陽在黃道上運行的位置，將一年劃分為立春、雨水、驚蟄、春分、清明、穀雨、立夏、小滿、芒種、夏至、小暑、大暑、立秋、處暑、白露、秋分、寒露、霜降、立冬、小雪、大雪、冬至、小寒、大寒等二十四個節氣，以對應著世間萬物生生不息的運轉。

　　種植觀音蓮的這幾年來，總會習慣翻查時序走到哪個節氣，該注意哪些觀音蓮植株的養護事項，以預知何時該增加肥料、何時該減少澆水，又或者何時該預防寒害。有時太陽折射角度的改變，會考慮是否需移動植株位置，或是增加遮罩度、增減澆水頻率等。

綠盾觀音蓮 *Alocasia clypeolata*　　　　梅拉圖斯觀音蓮 *Alocasia sp. Meratus*

二十四節氣對照表（國曆）

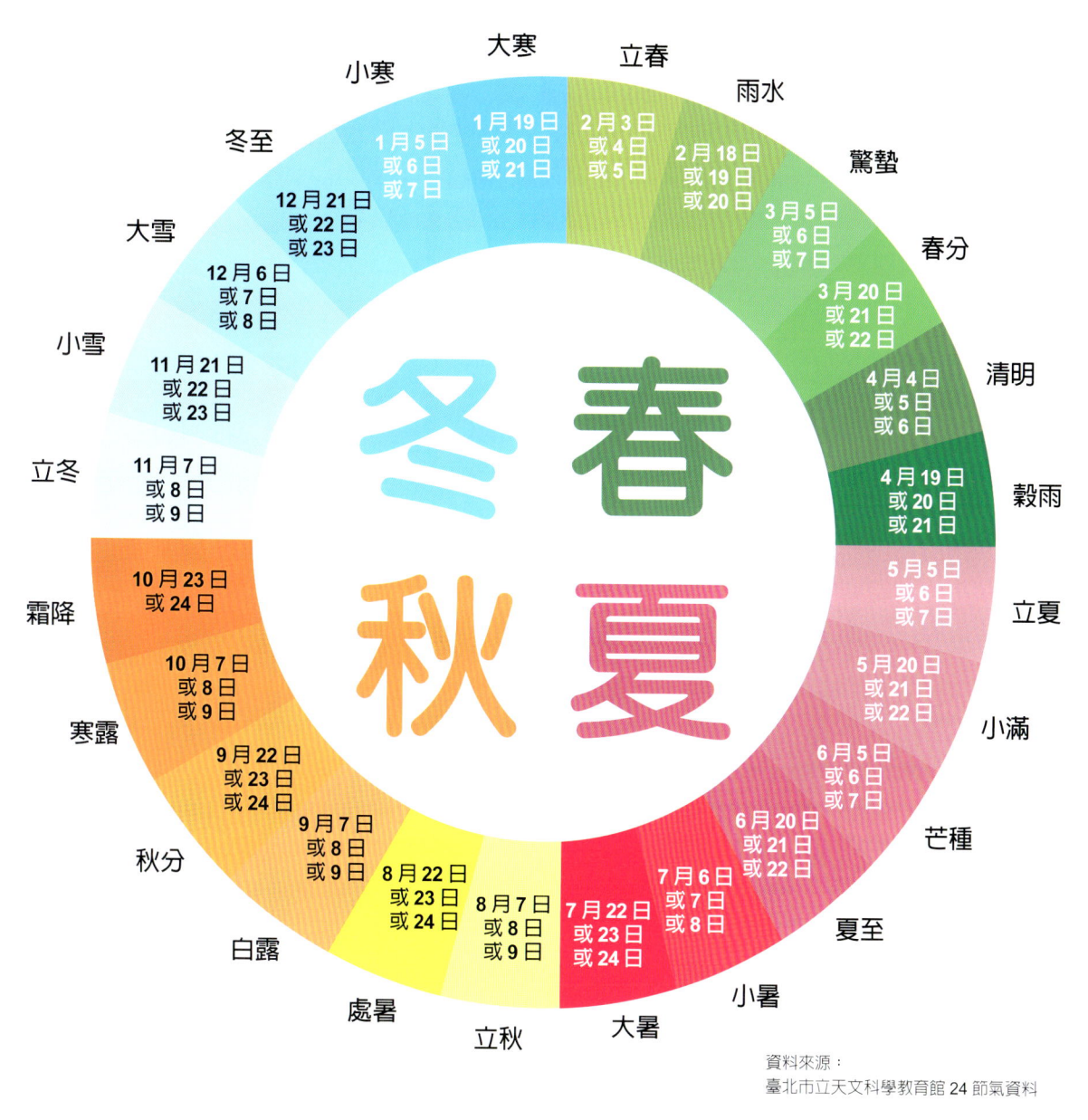

節氣	日期
小寒	1月5日或6日或7日
大寒	1月19日或20日或21日
立春	2月3日或4日或5日
雨水	2月18日或19日或20日
驚蟄	3月5日或6日或7日
春分	3月20日或21日或22日
清明	4月4日或5日或6日
穀雨	4月19日或20日或21日
立夏	5月5日或6日或7日
小滿	5月20日或21日或22日
芒種	6月5日或6日或7日
夏至	6月20日或21日或22日
小暑	7月6日或7日或8日
大暑	7月22日或23日或24日
立秋	8月7日或8日或9日
處暑	8月22日或23日或24日
白露	9月7日或8日或9日
秋分	9月22日或23日或24日
寒露	10月7日或8日或9日
霜降	10月23日或24日
立冬	11月7日或8日或9日
小雪	11月21日或22日或23日
大雪	12月6日或7日或8日
冬至	12月21日或22日或23日

資料來源：
臺北市立天文科學教育館 24 節氣資料

TIPS

對於觀音蓮而言，一年四季裡有四個比較煎熬的時期，對應著二十四節氣運轉著。

時期	節氣	國曆時間
梅雨季節	立夏到夏至	5～6月
夏季轉高溫	立夏至大暑	5月5日～7月24日
秋老虎	立秋至處暑	8月7日～8月24日
東北季風與寒流	冬至到大寒	12月21日～次年1月21日

立春已至，萬物復甦

時序走到立春，受到冬日低溫影響而生長遲緩的觀音蓮們也紛紛甦醒，開始成長。天氣逐漸溫和，氣溫穩定後，可逐步幫觀音蓮們施肥，並增加肥料的供給。每次澆水以澆透為原則，可把一整天因為日照、在泥土上所晒出的熱氣給帶走。

春天平均氣溫大約 25°C 上下，溼度大約 70，提供穩定的溫度和溼度，將非常適合觀音蓮們生長。但切記不能因為環境條件逐漸穩定，而失手給予過多水分，依然得注意澆水的節奏，以表土乾燥、盆栽變輕後再澆水為原則。

鱷魚皮觀音蓮 *Alocasia karpet*　　桑德原生種 *Alocasia sanderiana*

立夏到夏至

立夏時節到來，日照開始逐漸強烈，連站在陽光底下都很容易晒傷或是中暑。此時，得注意提供觀音蓮適當的遮罩與通風度。若光照過於太強烈，可將植株移至較低光源處或架設防晒黑網遮罩，以免葉片晒傷焦黃。

夏至時，日晒時間較長，水氣蒸發快速，相對於其他時間點，空氣中的溼度又更低了些，甚至隱約可以嗅到空氣乾燥的氛圍。此時為紅蜘蛛快速繁殖的季節，只要一個不注意，可能一個晚上葉片就會沾染紅色小蟲，看到牠們快樂地編織著白白細網，啃咬葉緣、葉背。若未及時處理，很快地，觀音蓮葉片會呈現凋萎黃化，出現爛根現象。若加上環境悶熱不通風，就很容易使觀音蓮塊莖染菌，以極快速度腐壞，植株轉眼間化為烏有。

此時能做的是利用加溼器維持環境溫度與空氣溼度，以對抗葉蟎（紅蜘蛛）與快速消散的溼度。人、植物和昆蟲，乃至於宇宙大地裡的所有生物們，依照著節氣運行過日子，日出而作日落而息，一切唯有靜默觀察，感受所有覺知，才能親自體會宇宙大地運行的規則。

蝙蝠觀音蓮　　　　　　　　　　　紅魚觀音蓮 *Alocasia stingray*
Alocasia advincula aka Alocasia batwing

立秋至處暑時期

　　此時秋老虎發威，時常降雨，溼度提高，太陽照射時的折射角度改變，平時照不到光線之處會因折射角度變動關係而出現直射光線，颱風也經常在這時節侵襲臺灣。

　　處暑之後，暑氣逐漸消散，正所謂處暑寒來，有時清晨氣溫涼爽，氣溫下降至 19 至 20°C，到了中午左右，氣溫又急速上升至 32 至 33°C。

　　此節氣因溫度不穩定的關係，明明白天已澆了水應付快速蒸散的日照熱氣，但到了晚上卻又因水氣凝結，造成盆內積水悶熱，使得觀音蓮突然出現爛根的困擾。

　　因為日夜溫差大，若觀音蓮植株不夠強壯健康，非常容易在這時間點出現染菌，整株植物塊莖軟腐、出現臭味而直接斷頭死亡的狀況發生。

　　這個時節必須時常幫植株與環境噴藥消毒，並給予觀音蓮好的菌類，以加強植株保護力與健康。澆水作業上給多了會導致爛根，給少了葉片卻又呈現委靡狀態，著實令人難以捉摸，一切只能靠觀察與直覺做判斷。

Alocasia antoro velent　　　　　　*Alocasia* sp. Berau
葉子表面有細毛，很容易受到葉蟎啃咬。　除了葉形特殊外，葉柄摸起來有細微絨毛感。

Alocasia watsoniana
此塊莖個體在長大後,其葉子會呈現特殊的耳朵葉脈風格,為不同塊莖個體才會出現的特殊表現。

處暑之後,暑氣逐漸消散

時序來到寒露與霜降,節氣開始轉變,正所謂寒露百草枯。冬至開始進入大寒,天氣走入冬季型態,由於臺灣北部緯度較高,因此氣溫下降幅度會比南部來得更大,溫度也較低一些,觀音蓮受到低溫影響,生長會明顯停滯,並出現展葉不全的問題,加上冬季的白天時間較短,陽光較為溫馴,在日照不足條件下,植株容易出現徒長。當寒流來襲,氣溫過低時,觀音蓮可能會開始出現落葉情況。這時期的盆土水氣蒸發慢,應減少澆水頻率與給水量,並暫時停止施肥,以免根系不吸收而造成爛根。當氣溫低於 15°C 以下時,建議將觀音蓮收入室內溫度較高處,以躲避寒害。

Alocasia longiloba

Alocasia watsoniana 新葉。

Note2 返祖與出斑

　　返祖是什麼？剛開始養植物時對於「返祖」這個詞可說是一頭霧水，在查閱資料後才理解原來這是指斑葉植物在長出新葉時斑色逐漸消失，回到原本沒有斑葉的模樣。例如原本是斑葉絨葉觀音蓮，但在新葉長出來後，卻變成沒有任何斑紋的絨葉觀音蓮，以字面的意思來解釋，意指「回到植株祖先最原本的樣子」。

　　有時在孵育子球時，偶爾會意外得到斑葉狀態的觀音蓮植株。因為斑葉植物本身葉片上的白色斑紋為缺少葉綠素現象，有時一個不注意，沒有葉綠素的斑葉葉片就很容易損毀斑駁。幾年前，市面上還沒有斑葉絨葉觀音蓮組培植株，因此就算有人販售子球苗，其價格也非常昂貴。在 2021 年 9 月時，因緣際會以上萬元價格購入一株斑葉絨葉觀音蓮子球小苗，小苗並不是很好照顧，在每次換季時總會爛根，葉子展開時斑色也越來越少。有陣子因冬日寒流凍傷根系，再次急救後重新孵育根系，每每在出新葉時，總會期待新出的葉片到底有無斑色，直到近幾年心境上想開了，只要它願意平安待在身邊，不要隨意爛根或爛塊莖，無論有無斑色，健康成長就好。

以上為斑葉絨葉觀音蓮子球苗，斑葉植物本身葉片上的白色斑紋為缺少葉綠素現象。

返祖是指原本為斑葉植物，在長出新葉時斑色逐漸消失，回到原本沒有斑葉的模樣。
以上為斑葉絨葉觀音蓮返祖成無色斑的絨葉觀音蓮。

TIPS

斑葉植株的斑葉部分因為無葉綠素，盡量不要做葉噴動作，以免白色葉片上有水滴，再加上光線照射容易毀損。

Note3 徒長

　　徒長是指植物在成長過程中葉柄不斷拉長，外觀上葉片看起來不大，但葉柄卻非常細長，像極了伸長脖子的長頸鹿。觀音蓮徒長的原因主要是生長環境的光照度不足、水分太多，導致生長速度過快。當植株為了找尋更多光線，只好伸長葉柄往上生長。

　　徒長的觀音蓮因葉柄變得非常細長，當葉子太重，葉柄就會難以支撐葉子重量，使得葉片容易跟著葉柄傾倒而日漸枯萎黃化。當遇到觀音蓮徒長時，建議利用支撐架協助固定葉柄，並將盆栽移至更多光照的地方，此外，也要適度控制水分與肥料供給，以免觀音蓮繼續徒長。

1-2 觀音蓮在成長過程中葉柄不斷拉長，外觀上葉片看起來很小，像極了伸長脖子的長頸鹿。**3-4** 當植株徒長，建議可利用支撐架固定葉柄，另外也要適度控制水分與肥料供給。**5** 徒長的觀音蓮因為葉柄變得非常細長，難以支撐葉片重量而傾倒。**6** 為了避免繼續徒長，可適度移動盆栽至更多光照的地方。

養殖觀音蓮時，不同植株之間的葉片盡量不要互相遮蔽光線（除非小苗需要躲在大植株下遮陰），以免光源不足，影響光合作用，增加觀音蓮為了找光而徒長的機率。

早期筆者曾將觀音蓮養殖於面北的陽臺，清晨時散射光微微透入陽臺內，直到早晨十點靠近左側才會照進少許金色光芒。隨著太陽逐漸升起，十一點後陽臺內只剩散射光源，因此觀音蓮極易為了找光而朝向同一方向生長。

由於陽臺空間過於狹小，太大株的觀音蓮植株們無法往四面八方成長，因此只能任由它們單面生長葉子。為了避免植物在尋找光源時出現徒長現象，建議可在無光源的背面增加人工光源以增加光照，且每週都要幫觀音蓮植栽轉動方向，以利植株呈正常型態生長。

雖然養殖在室內陽臺時大多數觀音蓮生長比較穩定，但露臺養殖環境通風良好，加上充足的日照，在接受更多陽光與流通空氣的洗禮下，中大型狀況穩定的觀音蓮們生長較快速，比起陽臺養殖時也多了一份野性。

1 不同植株之間的葉片盡量不要互相遮蔽光照，以免增加徒長機率。**2** 某些比較敏感的觀音蓮需要穩定的生長環境，而養殖在單面採光的陽臺，只能使用植物燈補足光源。**3** 中午十一點過後，以 80% 黑網遮蔽，只剩散射光源，此時葉子為了找光，極易朝同一方向生長。**4** 當養殖環境的光源來自四面八方，植株徒長機率也小了很多。

Note4 養護環境

　　一般來說，剛接觸觀音蓮種植的新手在完全不懂如何養護下，時常會發生剛買回來的漂亮大葉片觀音蓮植株在更換環境、換盆與澆水後不久，葉子一片片凋謝，長出的新葉越來越小，甚至直接爛根，最後塊莖軟腐，植株莫名死亡。其實觀音蓮會陣亡的原因，不外乎以下幾種狀況：

1. 買回家後未更換成自己習慣且適合自身環境的介質，當介質不夠疏水透氣，就容易造成悶根爛塊莖。
2. 養在室內，因燈光、日照不足導致植株嚴重徒長、衰弱。
3. 養在室外卻無遮罩，當過度曝晒且澆水沒給透，植株就會因為缺水而陣亡。
4. 使用過大的盆器，因盆內介質太悶熱、潮溼，導致根系無法呼吸。
5. 只養一、兩株觀音蓮，環境的空氣溼度太低。（最好養很多株觀音蓮，可營造出自然微氣候溼度的環境）
6. 病蟲害無防治。
7. 以人類的立場思考，覺得植物很缺水，因此天天澆水。當水分太多、介質太潮溼，會導致根系悶住。水氣來不及排出，發現葉片開始出問題時，植株早已難以拯救而死亡。

1-2 植物群聚產生微氣候。**3-4** 養殖觀音蓮所使用的介質、澆水頻率和空氣溼度等，通常要親身試驗過了才能知曉什麼是最適合自身環境的方式。

以下為筆者養殖觀音蓮的環境紀錄，各位讀者不妨參考看看。

01 室內陽臺

缺點：
悶熱不通風、潮溼、光照不足易徒長。

優點：
溫度、溼度穩定、蟲害少，中小型觀音蓮植株成長較穩定。

剛開始一年半左右的時間，觀音蓮養殖於面北的兩坪大長形陽臺，該空間有一扇可單開的大窗戶，陽光照射至陽臺內的時間約早上九點到十一點左右，部分斜射，其餘時間皆為散射光。由於燈源不足，植株容易朝向北面徒長，再加上通風度不足，中午時段比較悶熱，導致養殖於最底層較厚葉片的觀音蓮植株在用小型加溼器情況下會太潮溼，時常發生爛根、爛葉片。

為了改善日照不足問題，後來增加了植物燈輔助，當時加裝兩顆 32 瓦與一顆 50 瓦植物燈，距離植株約 30 ～ 100 公分。由於白天固定開加溼器，因此晚間會設定關閉所有燈源及加溼器，此舉稍微改善了徒長問題。

然而夏季依然容易悶熱不通風，這時可加裝循環扇吹向牆壁製造空氣循環。所使用的介質也必須非常疏水，當盆栽變得很輕才可澆水，否則在悶熱的夏日，厚葉觀音蓮植株容易有爛根問題。除此之外，大部分的葉片溼潤不乾燥，常年平均溫度維持在 26 ～ 32°C 之間，溼度 80 ～ 95 之間，光照度維持 7000 ～ 12000 流明，就會少有病蟲害發生。

02 室外露臺

缺點：
- 日照強烈時容易造成空氣溼度過低，溫、溼度不穩定，葉片呈現乾燥狀態，因此需隨時觀察日照與天氣的變化，適度更動加溼器擺放位置。
- 遮罩黑網易吸熱，必須增加循環通風扇以免太陽曝晒時溫度快速升高。
- 東北季風強勁，植株吹到冷風後生長較遲緩；遇寒流低溫時易發生爛根情況，因此當氣溫低於 15°C 需適時收進室內。
- 病蟲害多。

優點：
- 通風不悶熱、日照足夠，因此植物不易徒長，可大幅改善葉尖焦黃問題。
- 中大型植株生長較穩定，尤其大型穩定的成株容易在馴化後直接跳成熟大葉片。
- 爛根救援機率大幅減少。

為了讓觀音蓮有更好的生活環境，後來規劃了八坪大的戶外通風大露臺。一開始由室內移至室外時因環境變動太大，不夠強壯的植株適應不良，葉片紛紛凋零重新來過，但較強壯的中大型觀音蓮植株因擁有更適合它們生存的環境，反而快速成長。

戶外環境雖好，但須留意天氣的變化，溫度控制在 20～32°C 之間觀音蓮成長相對比較穩定，夏日溫度若超過 32°C，需使用加溼器與自動噴霧系統，以水霧降低環境溫度。此外，像筆者住的地方每到十月至隔年三月時會有強勁的落山風，或每當冬季寒流來襲時，因氣溫驟降，就容易造成觀音蓮葉片凍傷與爛根倒伏的狀態。當氣溫低於 15°C，必須適時將大部分觀音蓮移入室內，以躲避寒風吹襲的傷害。冬天風大時也可能造成盆內介質的水分快速被吹乾，這時可在觀音蓮植株盆底放置底盤，以補充水分，或是增加帆布以抵擋強風吹襲。

1 早晚（傍晚）葉噴。2 使用加溼器。（小型的適合小空間）3 使用自動噴霧系統得注意，若溼度太高，因為水太多累積在葉片上，容易增加染菌的機率。

1-2 室外環境溼度不易控制，時常在同一天的早晨或傍晚溼度與溫度適中舒適，卻又在中午十一點到下午三點半期間溫度飆高、溼度大幅降低。**3** 觀音蓮的葉子對寵物具有毒性，勿讓寵物啃咬。（圖為觀音蓮新葉遭貓咪啃咬後的痕跡）

TIPS

觀音蓮喜歡土壤有點溼氣狀態，但介質內不潮溼悶熱的環境。當很難判斷是否需要澆水時，可撥開表土往內感受是否有溼氣或乾燥。有趣的是，有時在撥開介質後會發現盆土下埋藏著子球，彷彿尋寶般如獲至寶。

Note5 遮罩與光照度

戶外露臺養殖

晒傷是不可逆的葉片傷害,在光線直射狀態下,容易造成葉片晒傷,因此建議使用黑網遮蔽光線以避免陽光直射,冬日使用50%黑網遮罩,夏日使用75%黑網遮罩。

目前在有遮罩的光照下,小型植株控制在 4000 ～ 8000 流明(放置於低處),中型植株控制在 8000 ～ 15000 流明,大型植株控制在 15000 ～ 30000 流明。

當觀音蓮植株越來越大,就要慢慢增加光照度。有時給予太多光照,葉片無法接受時就會造成焦葉尖或焦葉緣的狀況,尤其是葉片越薄的觀音蓮植株,要慢慢試驗移動,以找到適合它們的光照環境。

室內露臺養殖

若觀音蓮種植在室內陽臺、孵育小苗,或是陰天光照不足時,需要另外提供人造光源,以補不足的光照。給予日照的時間建議是夏天從早上六點至傍晚六點;冬日從早上七點至晚上九點(增加人造光源照射時間)。

因為冬天日照強度較弱,會有明顯不足情況,建議延長光照時間以增加觀音蓮光合作用時間。當夜晚來臨,植物與宇宙大地所有萬物一樣需要休息,這時就得關閉人工光源。

1 戶外露臺養殖時,可使用黑網遮蔽光線以避免陽光直射。**2** 光線直射晒傷是不可逆的葉片傷害,圖為葉片晒傷後造成的孔洞缺口。

1 植株養在室內陽臺、孵育小苗,或陰天光照不夠時,可給予人造光源以補光線不足。**2** 在馴化大型觀音蓮時,非常容易因為光照太強而造成葉片晒傷。**3** 有遮罩 70% 黑網時,光照度為 4953 流明。**4** 無遮罩時,光照度為 33100 流明。

COLUMN
如何分辨新舊葉

　　觀音蓮生長時，第二片葉子會由前一片葉子的葉柄上長出，然後層層堆疊展開。學會分辨新舊葉後，當葉子黃化時即可輕易辨別這片葉子是自然黃化的老葉，還是因根系有問題而黃化。通常最老的葉片黃化，其他葉片安然無恙時為自然黃化現象，但當老葉無任何問題，反倒是其他葉片黃化，那麼就得注意，有可能是根系出現問題所產生的黃葉現象。

觀音蓮葉片生長順序示意圖。

第二片葉子會由前一片葉子的葉柄上長出，最外層的葉片最老。

當葉柄旁出現雙葉鞘，往往是跳葉的徵兆。

TIPS

若觀音蓮植株根系健康，但因生長太多新葉導致葉柄傾斜，可適度給予支撐架支撐葉柄與葉片，以讓根系擁有正常通道輸送水分到葉片上，延緩葉片黃化速度。

根系健康的情況下，葉子太大太重，導致葉柄傾斜，可適度給予支撐架支撐葉柄與葉片。

Note6 腰水

腰水是指將淺水盤裝水後放置於植栽底部,以讓介質經毛細作用由下往上吸收水分,補充盆內水氣。

當強勁的東北季風到來,可使用類似腰水的方式養殖。但若長期使用腰水法養殖觀音蓮,因植株根系長期泡在有水的環境裡,容易造成爛根狀況,所以使用腰水法養殖時會在植物盆底放置一層發泡煉石,以防根系長時間泡在水裡而悶住的狀況發生。

一般來說,觀音蓮腰水法養殖以補充水氣為主,不以補充水分為目的。但若一開始就使用腰水法養殖,那麼就盡量不要改變養殖方式,因為根系已習慣盆內很多水氣,會呈現比較白嫩,類似水根的狀態,要是突然改變養殖狀態,讓根系處在比較沒有水氣的環境,就很容易過於乾燥,出現部分爛根現象。相反的,若原本養殖的環境是讓盆器裡的土壤很乾燥才澆水,根系屬於比較乾燥的粗壯根,這時若突然改為腰水,那麼根系就會像是浸泡在水裡,由於根系溼度太高,就容易出現爛根現象。

TIPS
某些觀音蓮品種在冬天低溫時青花素會爆量,華生或長葉這類有著紫色葉背的植株特別容易在冬天產生紫葉狀態。通常長出紫色葉片後不久,葉子即快速枯萎凋謝。

1 腰水養殖是讓盆栽裡的介質經毛細作用由下往上,以補充水氣為主。
2 在使用腰水法養殖時,會在植物盆底放置一層發泡煉石,以防止根系長時間泡在水裡。**3-4** 若以腰水養殖,盆底沒有墊上一層發泡煉石當作重力水層區,很容易讓根系長期泡在底盤水裡,導致爛根情況發生。

1-3 華生或長葉這類紫色葉背的植株容易在冬天產生紫葉狀態。

165

常見觀音蓮介紹

斑馬觀音蓮

Alocasia zebrina

| 光照 | 中大型植株,給予半日照遮陰環境。
| 水分 | 介質八成乾燥時給水。

形態特徵

葉柄上有咖啡色類似斑馬狀橫斑紋,成株葉片呈修長箭形葉模樣,深綠色葉面,葉背顏色比葉面來得淺。因為葉柄上具有特殊的斑馬紋,而被外界稱之為「斑馬觀音蓮」。斑馬觀音蓮在中小型植株時葉背容易遭受葉蟎啃咬,逐漸至成株狀態後,葉片較中小型植株時來得堅挺與厚實,這時也較少見到葉蟎的身影。

種植技巧

小植株生長時比較怕爛根問題,要小心給水。介質以疏水性佳的顆粒土為主,當盆栽很輕時再給水。除冬天較寒冷的日子外,每次澆水都要澆透。當植株越大時可逐漸增加泥炭土比例以提高保水度,這樣根系也會較穩定些。

1

常見觀音蓮介紹

1 葉形呈箭葉狀。**2** 斑馬觀音蓮綠色葉柄上具有咖啡色斑馬橫條紋。**3** 葉片表面呈深綠色，葉背顏色則較淺。**4** 約養殖一年半的斑馬觀音蓮成株狀態。

相似種

黑柄斑馬觀音蓮
Alocasia zebrina 'Black stem'

與斑馬觀音蓮不同的地方為葉柄呈深咖啡色。除了葉柄無斑馬紋外，葉形或其他特徵則和一般常見的斑馬觀音蓮相同。雖然葉柄沒有紋路，但依然是斑馬觀音蓮的成員之一。

1-2 黑柄斑馬觀音蓮與斑馬觀音蓮不同的地方為葉柄是深咖啡色，其他葉面表現與斑馬觀音蓮基本上雷同。3 右邊為黑柄斑馬觀音蓮葉柄，左邊為斑馬觀音蓮葉柄。

常見觀音蓮介紹

網紋斑馬觀音蓮
Alocasia zebrina 'Reticulata'

網紋斑馬與斑馬觀音蓮同樣具有斑馬紋葉柄，但葉脈具明顯類似浮雕立體感紋路。早期臺灣有許多網紋斑馬觀音蓮進口塊莖在市面上販售，每顆孵育出的個體，在葉片形態上都有些許差異。

網紋斑馬成株容易有缺光徒長情況，須適度做調整或給予更高的光照，澆水頻率不可太高，盆子內不宜太潮溼，當成株盆土八成乾，拿起來重量很輕時再澆水為原則。

1-2 網紋斑馬觀音蓮有斑馬紋葉柄，葉脈具明顯類似浮雕立體感紋路，葉片會因光照多寡而有不同的葉面表現。**3** 此為塊莖植株，小時候的葉片網紋表現極佳，期待長大後會有不同的個體表現。

相似種

白脈斑馬觀音蓮

因外形長得像斑馬觀音蓮，而被命名為「白脈斑馬觀音蓮」。其葉子中央有一道比較寬的白脈紋路，屬於市面上較少見到的觀音蓮品種。

白脈斑馬觀音蓮葉片中央有一道比較寬的白脈紋路，屬於臺灣市面上極為少見的觀音蓮品種。

菩提觀音蓮

Alocasia portei

/ 光照 / 成株半日照遮陰環境。
/ 水分 / 盆土八成乾燥再給水。

形態特徵

成株葉片巨大，外觀如劍葉形並呈現羽裂狀大波浪葉片，有著白色葉脈、深綠色葉片，葉緣捲曲狀。

種植技巧

菩提觀音蓮葉片較其他觀音蓮來得薄，加上葉緣捲曲的關係很容易受到葉蟎（紅蜘蛛）青睞。養護時要時常檢查葉片邊緣與葉背，以防止葉蟎侵害。

菩提觀音蓮小苗養殖時建議先給予悶養環境，提高環境溼度也可防治葉蟎蟲害。等植株逐漸成長，再適度移動至更多光照的環境。

菩提觀音蓮的新葉在展開過程中，羽裂狀裂葉捲曲的模樣每天都不太相同，像幅畫似的張力十足，極具觀賞價值。

菩提觀音蓮成株要經常擦拭葉片與噴水霧保持溼度，以適度防止葉蟎啃咬，葉片也會較為光亮。

常見觀音蓮介紹

1-2 菩提觀音蓮的新葉片。**3** 菩提觀音蓮幼株葉片非常薄，極易遭受葉蟎啃咬而爛根倒伏。**4-6** 這株菩提觀音蓮是筆者從小子球苗開始培養，馴化將近兩年時間，歷經多次裂葉開展，總會讓人驚嘆其葉面表現、開展過程，完美的捲曲狀，像跳舞似的美豔動人。

172

Alocasia lukiwan
(*Alocasia alba* × *Alocasia sinuata*)
/ 光照 / 半日照遮陰
/ 水分 / 待盆栽八成乾給水

形態特徵

Alocasia lukiwan 是由馬來西亞育種家 WaWan，以 *A. alba* × *A.sinuata* 人工培育而成。種小名結合了他老婆名字中的 Luki 和他本人 Wan 而來。此植株遺傳了 *Alba* 的橢圓狀葉形，並帶有 *sinuata* 深邃的凹凸狀紋路脈絡，雜交種會繼承父本與母本的各自性徵是最有趣的部分。成株時葉片會呈現金屬反光感。

當知曉這學名由來，深感此段情感之浪漫，希望某天也能如願擁有一株自己交種，並以深愛之人與自身小名命名的觀音蓮。

1 *A.lukiwan* 觀音蓮成株時葉面金屬感表現，赤丸 / 攝。**2-3** 筆者被贈與的第二代與第三代 *A.lukiwan*。

常見觀音蓮介紹

長葉觀音蓮

Alocasia longiloba

/ 光照 / 半日照遮陰
/ 水分 / 介質八成乾再給水

形態特徵

長葉觀音蓮品種與個體眾多，有各種不同葉面形態與表現，像是有些物種具有綠背或是紅背，甚至是葉面具有銀色脈絡紋路等，為非常容易養殖的觀音蓮品種。

種植技巧

喜好顆粒多一點，不會太悶的盆土介質。若氣溫低於15℃，加上東北季風吹襲，務必收入室內躲避寒害，以免植株根系凍傷、葉片倒伏毀損。長葉觀音蓮在溫度過低遭受寒害時，常會出現紫色葉片，此時植株很容易因為根系凍傷而得重新敷根養殖。

常見觀音蓮介紹

1 銀色葉脈表現。2 耳朵內捲。3 兔耳成株。4 兔耳小苗。5 長葉兔耳成株。6 尖耳厚葉紫背。7 新葉表現。8 不同個體葉面表現。9 不同個體葉面表現。

諾比觀音蓮

Alocasia sanderiana 'Nobilis'

/ 適宜溫度 / 20 ～ 30 度
/ 光照 / 半日照遮陰
/ 水分 / 介質八成乾再給水

形態特徵

原產地菲律賓，此類觀音蓮具有波浪形邊緣，葉尖呈倒 V 字形，葉子表面深綠帶有白色葉脈紋路，葉背呈紅綠色，有些人稱之為「羊角觀音蓮」，也有人稱之為「魚骨頭觀音蓮」。早期不易取得諾比觀音蓮植株，單一株價格不菲，但每個塊莖植株葉片表現都會有其不同的個性。目前市面有大量繁殖的組培苗，極易取得組培植株。

1 諾比具有白色葉脈紋路與大羊角造型，為深受大眾喜愛的觀音蓮品種。2 此株諾比觀音蓮為筆者早期購入子球後孵育長大的個體。3 諾比觀音蓮進口塊莖個體表現。

種植技巧

極易遭受葉蟎啃咬，務必經常檢查並擦拭葉緣、葉背。諾比觀音蓮幼株葉片較薄，長大後葉子會逐漸變厚實，在由小到大的成長過程中非常容易爛根，要注意給水狀態。

小植株時介質中的泥炭土比例不要太多，否則容易因為太潮溼悶熱而爛根，成長至中型狀態後會逐漸穩定，泥炭土比例可多一點，以提高保水度，根系會拓展得更穩定。

夏天為大株諾比觀音蓮澆水時，以給透為基本原則；冬天則務必減少澆水頻率，以盆栽變輕、盆土八成乾再澆灌給水，養殖難度適中。

桑德家族成員共有桑德原生種、凝桑德、白脈白武士與諾比觀音蓮等四個品種。市面上桑德原生種數量較少，凝桑德較為普遍，許多商家將凝桑德以白武士觀音蓮的名稱販售，但白脈白武士葉形較窄且有白色葉脈紋路，葉片也比凝桑德厚。可由圖片輕易做辨識。

1 諾比觀音蓮葉片具有綠中帶紅色的葉背。**2** 諾比觀音蓮不管植株大小均非常容易受到葉蟎青睞，尤其波浪葉背下常會遭葉蟎光顧，啃咬後的葉子會呈現點狀白霧。

常見觀音蓮介紹

1 諾比的子球苗葉片較薄，比起其他類型觀音蓮更不好孵育長大，時常會突然爛根或葉片軟爛，但穩定長大後非常好照顧。**2** 原生種桑德觀音蓮。**3** 擬桑德觀音蓮葉子形態較為寬厚，表面無白色紋路。**4** 白脈白武士觀音蓮葉形較為狹長，葉片具有白色葉脈紋路。

傑克林觀音蓮

Alocasia tandurusa（正式學名）
Alocasia Jacklyn（商業名稱）

/ 適宜溫度 / 20 ～ 30 度
/ 光照 / 半日照遮陰
/ 水分 / 土八成乾再給水

形態特徵

傑克林觀音蓮又稱鹿角觀音蓮，有著羽裂狀大波浪綠色葉片，老葉帶深色葉脈虎紋斑紋路，剛生長出的新葉，則以翠綠色葉片帶虎斑紋理表現。

1-4 傑克林觀音蓮長大後的個體差異頗大，舊葉會隨著時間增長，葉片顏色變深邃，新葉則在翠綠裡帶著深色虎斑紋理。其外觀形態、展葉過程與菩提觀音蓮有點類似，只是菩提觀音蓮沒有虎斑紋路與剛硬毛，葉柄也不似傑克林觀音蓮有斑紋。

種植技巧

葉片上具有堅挺硬毛、葉緣捲曲，葉背易受葉蟎啃咬。遭葉蟎咬食後很容易出現葉片低垂並爛根黃葉。

對溫度、溼度極敏感，不喜低溫及動根換盆，筆者好幾次幫傑克林觀音蓮換盆後不到一個禮拜，根系因環境改變而腐爛，導致塊莖直接軟腐發臭，堪稱觀音蓮界數一數二難養的植株。

近年來市面上有許多大小組培傑克林觀音蓮，比起剛開始養殖觀音蓮的那幾年，普及率已相當高。

新葉在開展時呈現裂葉捲曲狀，與菩提觀音蓮展開新葉過程相似，因其豪邁葉形與虎紋斑葉面，深受大眾喜愛。

坊間通稱其為傑克林，但傑克林學名不叫 *Alocasia Jacklyn*，正式學名為 *Alocasia tandurusa*。

西元 2020 年有個女孩將此觀音蓮取名為傑克林觀音蓮做販售，儘管她不是在森林裡發現此種觀音蓮的人，但多數人習慣稱她為傑克林觀音蓮。原本以為傑克林是此觀音蓮的學名，但其實為該女孩的名字。

1-2 上圖為傑克林觀音蓮子球孵出的葉片形態。

1-3 傑克林觀音蓮的葉緣呈現捲曲狀，葉片上帶有剛毛，很適合葉蟎躲藏，因此易受葉蟎啃咬攻擊。**4-9** 新葉開展時呈裂葉捲曲狀，顏色為單一翠綠色澤，圖為迷人的傑克林新葉開展過程紀錄。

常見觀音蓮介紹

明脈觀音蓮

Alocasia reversa

/ 光照 / 半日照遮陰
/ 水分 / 成長為中大型植株後土乾再給水，澆水頻率不用很高，算是很耐旱的觀音蓮。

形態特徵

此為矮小型觀音蓮，葉片以盾葉狀表現，深墨綠色葉脈，成株時葉片會轉為銀黑色。

種植技巧

喜歡陰涼環境，不宜給太多光照，否則葉片顏色會較淡。成株只要找到適合生長的環境後，新葉就會呈現墨綠色，最後轉為銀黑色。成株喜歡泥炭土多一點的保水介質，澆水頻率不用太高，但每次澆水需至少 2～3 分鐘，以澆透為主。提高泥炭土比例可保持內部有適度水氣，養殖會容易些。

1 明脈觀音蓮葉片為盾葉狀，葉脈深墨綠色。**2** 幼株葉脈為深綠色，葉片呈淡綠色帶點乳白。**3** 葉片顏色會隨著長大後逐漸轉為墨綠色，直到成株時呈銀黑色。

茶色觀音蓮

Alocasia wentii

| 光照 | 半日照遮陰
| 水分 | 土八成乾再給水

形態特徵

　　此為大型觀音蓮品種，成株葉柄粗壯，葉緣呈波浪狀，葉片較厚實。綠色葉面，紫紅色葉背。因外形的緣故，極易被誤認為姑婆芋。

種植技巧

　　茶色觀音蓮喜歡橫向發展，春、夏、秋時節約每個禮拜長一片葉子。喜溫熱與高溼度環境，遇到低溫容易生長停滯，新葉片也容易因此出現捲曲，展葉不全的狀態。由小開始種植過程簡單，根系強健，比起其他品種的觀音蓮來得更好養殖。喜歡盆土多一點水的保水介質，太乾燥反而會長不好。

常見觀音蓮介紹

1 屬大型葉片觀音蓮，養殖上需要比較大空間，儼然成為吃空間的怪獸。**2-3** 葉背呈紫紅色。由於葉片較厚，所以幾乎不受葉蟎影響。

銅鏡觀音蓮

Alocasia cuprea koch

/ 光照 / 半日照遮陰
/ 水分 / 土八成乾再給水

形態特徵

　　成株葉脈為綠色至紫黑色，葉片生長時會由紅色逐漸轉為綠色。葉背呈紫紅色，具下凹的立體葉脈紋路，讓葉片看起來具特殊金屬光澤質感。成株時外形像龜甲，又被外界稱之為「龜甲觀音蓮」。

種植技巧

　　喜歡溫暖潮溼、具遮蔽的環境。成株時可增加泥炭土比例，根系會長得比較強健。

　　筆者的銅鏡觀音蓮成株使用介質為大量珍珠石混泥炭土加樹皮，擺放於大型加溼器旁，保持極高的溼度，平日會觀察它夜晚或清晨是否有泌液現象，有泌液則兩天不澆水。若兩天後葉尖不再泌液，則會澆透至少兩分鐘以上。小株銅鏡觀音蓮則不適合太多泥炭土，容易過於潮溼而爛根。可多一點顆粒介質為主，每次澆水務必澆透，等長大後逐步增加保水泥炭土比例。幼株易遭受葉蟎啃咬、環境變動等因素而爛根。

1-2 左圖為成熟母株，右圖為子球所孵育之小苗，葉片顏色與質感有極明顯差異。

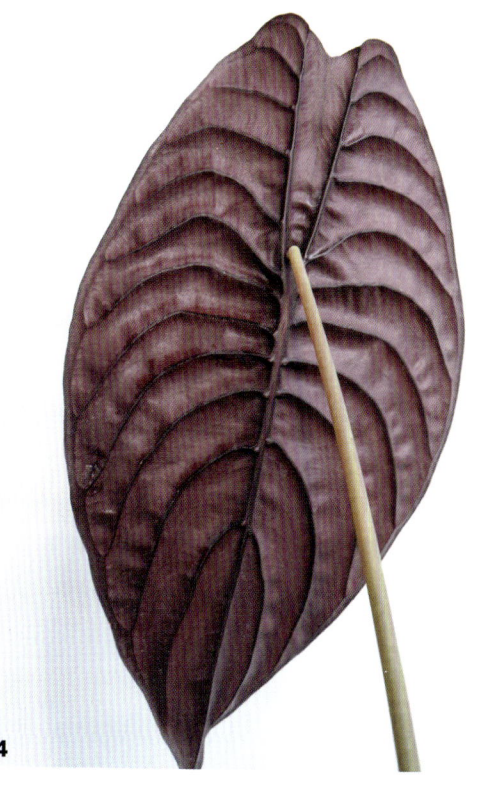

3-5 成株之葉脈具深色狀凹陷紋路，葉片墨綠色並帶有金屬質感。葉背為紅紫色，花苞深紫色，相較於其他觀音蓮的花苞具明顯差異，非常適合作為交種觀音蓮母株。

常見觀音蓮介紹

185

銅鏡觀音蓮因為葉形與顏色特殊，時常被拿來當成育種的母株，以交種成新的觀音蓮。

銅鏡家族如下：

銅鏡觀音蓮（Alocasia cuprea）

銅鏡交洛式長葉（Alocasia sedenii〔A.cuprea × A.longiloba lowii〕）

銅鏡交絨葉（Alocasia golden bone〔A.cuprea × A.micholitizian〕）

銅鏡交桑德原生種(Alocasia chantrieri〔A.cuprea × A.sanderiana〕)

1 黃金骨觀音蓮 A .golden bone。**2** A. sedenii。**3** 洛氏長葉觀音蓮。**4** 圖左為香特莉莉觀音蓮；圖右為銅鏡觀音蓮。**5** 香特莉莉觀音蓮 A. chantrieri。**6** 桑德原生種觀音蓮。

黑絲絨觀音蓮

Alocasia reginula

| 光照 | 半日照遮陰
| 水分 | 土八成乾再給水

形態特徵

　　屬於矮小型觀音蓮，嬌小不占空間。葉面摸起來有絨布般厚實質感，葉片呈現極深的墨綠色，具白色葉脈與紫紅色葉背。新葉的展葉速度緩慢，但每片葉子維持不老化的時間比起其他類型觀音蓮還要長。

種植技巧

　　喜歡低光照、溫暖潮溼環境，溫度、溼度過低時葉片極容易捲曲。建議可將黑絲絨觀音蓮擺放在加溼器旁，以保持葉片溼度。成熟的黑絲絨觀音蓮與小植株養殖所需介質不太相同，幼株主要以疏水顆粒介質為主，成株可以兩種不同介質養殖，一種為顆粒多一點、泥炭土少一點，底下墊淺水盤給予一點水氣，此方式澆水頻率較高，每次澆水都務必澆透。另一種為增加泥炭土比例，增加土壤保溼度，盆土八成

黑絲絨觀音蓮喜歡低光照、溫暖潮溼環境，只要環境溼度夠，葉片就會呈現黑亮絲絨質感。

乾再澆水，或是當盆栽重量減輕很多才澆灌給水。環境溼度保持在至少 80% 才不會造成葉片捲曲。

筆者習慣給予大型透明遮罩加上底盤悶養黑絲絨觀音蓮幼苗，以讓溼度達到 80%～90% 左右，等葉片達到三、四葉長出非常穩定的根系後，再換盆增加少許泥炭土。維持高溼度環境，黑絲絨觀音蓮才能保有最漂亮的葉片型態。

1 葉背為淡紫紅色。2 小植株可悶養於高溼度環境會比較容易長大，但也要保持通風，以避免發生爛根、葉子染菌。

市面上還有一款外形和黑絲絨非常像，稱之為「忍者觀音蓮」（*Alocasia ninja*）。這款觀音蓮為黑絲絨不同個體變異，特意由黑絲絨個體選育後人工繁殖而來。其葉片較黑絲絨更為圓潤，葉脈更為深邃，紋理感更強。摸起來具厚實皮革質感，葉脈粗亮有光澤。

　　成株使用介質以保溼為主，環境溼度若太低較容易捲葉與爛根。葉片生長速度緩慢，但老葉可以維持較久的時間不黃化落葉。筆者的忍者觀音蓮目前維持最久的葉片，是由 2021 年 9 月至 2023 年 2 月初，歷經近一年半才開始衰老黃化。

1-2 忍者觀音蓮葉形較圓潤，葉脈的紋路比起黑絲絨更為深邃，葉脈粗亮紋理感更強，摸起來具厚實皮革質感。**3** 比起其他觀音蓮，忍者觀音蓮可維持比較久的時間才老化凋謝

後記

曾經在閱讀時看到這句話：「最難的不是取得珍稀物種，而是把普通的植物養得漂亮」。

當你做好基本功課，不管遇到植株發生什麼狀況，無論價格便宜或昂貴，都要以平常心對待，切勿因昂貴的植物陣亡就傷心難過好一陣子，便宜的植株陣亡就心存再購買一株練手感的分別心。如果你真心喜愛它們，就會尊重每株在你手上的植物。你可以擁有很多植物，但它們只剩下你可以依靠。在每一次的養殖失敗與失去的過程，都會成為下次養殖時的重要養分。

早期種植觀音蓮時，因為僅有一、兩株，所以不覺得有什麼大負擔，但當等到植株量累積得越來越多，觀音蓮越長越大，生活空間也開始不足以應付，導致環境凌亂不堪，生活的氣場也跟著衰弱。當我意識到一切開始有點失控後，開始慢下腳步思考，如果我把植株栽植於室內空間，將會占據家人與我的生活，貓咪們會啃咬玩耍，室內堆滿各種資材與各式盆栽，到處都是刺眼的植物燈，居住空間也會因植物群聚導致微氣候潮溼，產生壁癌等溼氣過重問題。因此唯有規劃一個陽光充足、專屬植物的溫控空間，彼此才能舒心，也不會造成家人之間的困擾。

切記，不要讓栽培植物成為你的壓力與負擔，甚至出遠門還要擔心觀音蓮出問題，這樣才能讓彼此成為最棒的生活依靠。

茵茵

附錄

各式配方土比較表

介質種類	疏水度	透氣度	保水度	澆水方式	蒸散作用	淺水盤增加水氣	適合環境	適合植株大小
蘭美樂蘭花介質 5（水洗或過篩） 珍珠石 1 泥炭土 1	高	高	中等	可經常給水	快速	室外可加	室內陽臺 室外陽臺	穩根中型 大型植株
多肉專用土 4（水洗或過篩） 珍珠石 1 日向石 1 泥炭土 1 或 0.5	高	高	中等	可常給水	快	室外可加	室內陽臺 室外陽臺	泥炭土 小型 0.5 中型 1
珍珠石 1 泥炭土 1 日向石 1 樹皮 5（碎）	高	高	高	八成乾燥再給水	慢	不加	室外陽臺 室內陽臺	中型 大型
椰纖土 1 珍珠石 1	高	高	高	八成乾燥再給水	慢	不加	室外陽臺	中型 大型
日向石 1 黑火山石 1 白沸石 0.5 紅龍石 1 碳化稻殼 0.5 鹿沼土 1 桐生沙 0.5 珪藻土 0.5 蛭石 1.5 珍珠石 1.5 牡蠣殼粉 0.5 發泡煉石（墊底 1／5）	高	高	中等	八成乾燥再給水	中等	室外可加 室內斟酌使用	室內陽臺 室外陽臺	小型（穩根植株） 中型 大型

國家圖書館出版品預行編目（CIP）資料

觀音蓮栽培養護事典／洪瑞婉作；. — 初版．—
臺中市：晨星出版有限公司，2024.11
面；　公分 —（自然生活家；55）
ISBN 978-626-320-904-6（平裝）

1.CST：觀葉植物 2.CST：栽培 3.CST：園藝學

435.47　　　　　　　　　　　　　113010403

詳填晨星線上回函
50 元購書優惠券立即送
（限晨星網路書店使用）

觀音蓮栽培養護事典

作者	洪瑞婉（茵茵）
主編	徐惠雅
執行主編	許裕苗
版型設計	許裕偉
封面設計	季曉彤
創辦人	陳銘民
發行所	晨星出版有限公司 台中市 407 工業區三十路 1 號 TEL：04-23595820　FAX：04-23550581 E-mail：service@morningstar.com.tw http：//www.morningstar.com.tw 行政院新聞局局版台業字第 2500 號
法律顧問	陳思成律師
初版	西元 2024 年 11 月 06 日
總經銷	知己圖書股份有限公司 106 台北市大安區辛亥路一段 30 號 9 樓 TEL：02-23672044 / 23672047　FAX：02-23635741 407 台中市西屯區工業 30 路 1 號 1 樓 TEL：04-23595819　FAX：04-23595493 E-mail：service@morningstar.com.tw 網路書店 http://www.morningstar.com.tw
讀者服務專線	02-23672044 / 23672047
郵政劃撥	15060393（知己圖書股份有限公司）
印刷	上好印刷股份有限公司

定價 450 元

ISBN 978-626-320-904-6

版權所有 翻印必究（如有缺頁或破損，請寄回更換）